建筑设备施工组织与管理一点通

高 兴 主编

中国建筑工业出版社

图书在版编目（CIP）数据

建筑设备施工组织与管理一点通/高兴主编. —北京：
中国建筑工业出版社，2010.12
ISBN 978-7-112-12536-4

Ⅰ.①建… Ⅱ.①高… Ⅲ.①房屋建筑设备-工程施工-
施工组织②房屋建筑设备-工程施工-施工管理 Ⅳ.①TU8

中国版本图书馆 CIP 数据核字（2010）第 196188 号

　　本书以"建筑设备施工组织管理"的基本概念和基本原理，结合经典工程实例，讲解了建筑设备施工管理综合知识的运用方法及其难点，在本书中，可以清楚地了解到如何科学合理地编制施工进度计划、如何科学合理地编制劳动力使用计划、如何科学合理地编制资金使用计划、如何科学合理地编制材料采购计划、如何有效地进行施工质量控制、如何有效地进行施工进度控制、如何有效地进行安全控制、如何有效地进行成本控制。

　　本书对即将参加工作的应届毕业生或者参加工作时间较短的技术人员具有很好的参考价值，也可作为相关企业工程技术人员的培训用书和高等学校建筑环境与设备工程专业学生的专业课辅导书。

* * *

责任编辑：张文胜　姚荣华
责任设计：张　虹
责任校对：王金珠　赵　颖

建筑设备施工组织与管理一点通
高　兴　主编
*
中国建筑工业出版社出版、发行（北京西郊百万庄）
各地新华书店、建筑书店经销
霸州市顺浩图文科技发展有限公司制版
北京盈盛恒通印刷有限公司印刷
*
开本：787×1092 毫米　1/16　印张：12¾　插页：2　字数：316 千字
2011 年 1 月第一版　　2011 年 1 月第一次印刷
定价：**32.00** 元
ISBN 978-7-112-12536-4
（19800）

前　言

我国建筑行业的飞速发展促进了建筑环境与设备工程设计水平、施工技术水平和施工组织管理水平的大幅度提高，建筑行业对该专业技术人员的需求已经发生了本质的变化。20世纪80～90年代中期偏重于人才数量，而近几年则明显偏重于人才质量。目前掌握单项工程技术的人才数量不少，但是能够熟悉基本建设程序、掌握建筑整体施工工序、施工进度、施工质量、施工安全这四个方面的知识重点，并能够协调组织管理大中型建筑施工项目的技术人才非常缺乏。对于即将参加工作的应届毕业生或者参加工作时间较短的技术人员来说，由于缺少施工技术以及施工管理方面的经验，对施工工序、施工进度、施工质量、施工安全这四方面的知识理解不透，难以在较短的时间内胜任工作，综合运用专业知识的能力亟待提高。这正是建筑行业对人才需求的素质要求。

目前所出版的"建筑设备施工管理"教科书，其内容重点讲解基本概念、基本原理方面，与实际的施工管理在操作上存在很大的距离。本书的内容就是利用在学校学过的基本概念和基本原理，结合实际的案例系统性地分析建筑设备工程施工管理方法的运用，使缺少实际工作经验的技术人员能够尽快理解建筑设备施工组织管理知识的内涵，并直接在工作中起到指导作用。

本书可作为相关企业工程技术人员的培训用书和高等学校建筑环境与设备工程专业学生的专业课辅导书。本书由大连海洋大学高兴主编，参与编写的还有大连海洋大学张殿光、袁杰、杨春光；东北建筑设计研究院朱江、王志刚；大连建设工程质量监督站许传军；大连理工大学徐晓晨。编写过程中，中国建筑工程总公司、上海建工集团、东北建筑设计研究院都提供了资料方面的帮助，并提出修改建议，表示感谢。恳切希望建筑行业专业技术人员对本书提出宝贵意见。

本书编写组
2010 年 7 月

目　　录

绪　　论

建设工程项目是需要一定量的投资，经过决策、设计、施工、调试运行、验收等一系列程序，在一定约束条件下以形成固定资产为目标的特定过程。建设工程项目具有产生时间、发展时间和结束时间，在这三个时间阶段有其特定的工作任务和工作基本程序，这是由建设工程项目，本身的技术经济规律和复杂环境所决定的。一个建设工程项目通常需要如下 5 个阶段来完成：

第一阶段：提出项目建议书、进行可行性研究，可行性研究报告经批准后项目决策便完成，故称为项目决策阶段；

第二阶段：设计工作阶段；

第三阶段：主要办理各种报批手续，即建设前期准备阶段；

第四阶段：建设项目经批准开工后进入了建设实施阶段；

第五阶段：竣工验收交付使用阶段。

在前三个阶段中的主要工作均由开发商或建设单位主持实施完成，其中设计工作由开发商委托设计院完成。在后两个阶段，建设单位和委托的监理公司对总承包施工单位的工程施工进度、工程施工质量、工程施工安全和施工项目成本实施全程管理，按照特定的工作程序协调组织施工项目的开展以及竣工验收工作，总承包及分包施工单位必须严格按照施工合同规定的施工期限、施工任务、质量要求全面进行整体施工项目的施工组织与管理工作，配合建设单位和监理公司的工程管理工作，直到最后的竣工验收交付使用。

一个建设工程项目是由一个或多个单项工程组成。建筑施工项目总承包单位在施工组织过程中需要对整体项目进行分解，即将单项工程分解为多个单位工程进行分包管理。例如某座酒店建设项目本身是一个单项工程，可分解成土建工程、空调工程、给水排水工程、消防工程、电气工程、弱电工程和装饰工程等多个单位工程。其中空调工程、给水排水工程、消防工程、电气工程和弱电工程等统称为建筑设备工程。因此，建筑设备工程施工单位归属于总承包施工单位的施工组织管理范围，必须按照工程本身的特点、特定的施工程序配合土建、主体结构等建筑工程组织施工管理，涉及内容广泛，具有系统性施工组织管理知识结构。

本书在绪论部分首先对建设工程项目分解过程的基本概念以及总承包施工单位建筑工程施工经济与组织管理的任务做了简介，并在此基础之上对建筑设备工程施工经济与组织管理工作的主要内容及工作步骤作了概括性的介绍。为了使缺少实际工作经验的技术人员尽快理解建筑设备施工管理知识的运用方法，前三个章节对建设工程的基本程序、招投标程序、建筑设备工程预算方法作了简介，后续章节结合有代表性的实际工程案例进行了系统性讲解，起到一点通的作用。

一、单项工程、单位工程、分项工程和分部工程的基本概念

1. 单项工程

单项工程是指具有独立的设计文件，单独编制综合概预算，竣工后可以独立发挥生产能力或效益的一组配套齐全的工程项目。例如：某个建设项目包括3座高层住宅、10座多层住宅，这13座住宅均具有各自独立的设计文件，配套齐全，竣工后作为商品房卖出，因此说该建设项目是由13个单项工程组成。

2. 单位工程

单位工程是指具有独立设计施工图纸，可以独立编制施工图预算，可以独立组织施工，但建成后一般不能进行生产或发挥效益的工程，它是单项工程的组成部分。

3. 分部工程

分部工程是指按工程部位、设备种类及型号、使用材料和工种进一步划分出来的工程，它是单位工程的组成部分。例如空调工程中的风管安装工程、水管安装工程等。

4. 分项工程

分项工程是指将分部工程进一步分解成通过简单的施工过程就能够生产出来，且方便于计算工程量的建筑工程或安装工程。例如风管安装工程中的风口安装，水管安装工程中的阀门安装等。

二、建设工程项目总承包单位施工经济与组织管理的任务

总承包单位在施工组织过程中需要组织多种专业的工人和各类建筑机械、设备有序地投入到施工中；组织种类繁多的建筑材料、制品和构配件的生产、运输、贮存和供应；组织施工机具的供应、维修和保养；组织施工现场临时供水、供电、供热以及安排施工现场的生产和生活所需要的各种临时建筑物等；同时要满足施工项目投资总量目标约束要求、时间进度目标约束要求、质量目标约束要求和安全目标约束要求。因此，总承包单位需要做好各阶段的施工准备工作，对人力、资金、材料、机械和施工方法等进行科学合理的安排，协调解决好各个分包施工单位之间、各项资源之间，资源与时间之间的矛盾关系，促使项目施工取得最优的效果。

三、建筑设备工程施工经济与组织管理工作的主要概况及工作步骤

建筑设备工程作为建设项目中单项工程分解出来的单位工程，在整个施工过程必须按照建筑工程项目整体施工总体进度计划要求和施工工序要求与总承包单位密切配合，进行施工组织管理。建筑设备工程施工企业进行施工经济与组织管理工作主要包括以下内容：

第一步：进行施工准备工作

建筑设备施工企业承揽工程中标以后，应按照项目总体计划要求进行施工准备工作。施工准备工作通常包括技术准备、物资准备、劳动组织准备、施工现场准备和施工场外准备5个方面。

1. 技术准备

技术准备工作主要包括以下内容：

(1) 调查、搜集原始资料，进行自然条件的调查分析和技术经济条件的调查分析；

(2) 获得完整的设计图纸，建筑总平面和城市规划等资料文件，施工验收规范和有关技术规定，熟悉、审查施工图纸；

(3) 编制施工预算；

(4) 编制中标后的施工组织设计。

2. 物资准备

施工使用的材料、构（配）件、制品、机具和设备是保证施工顺利进行的物质基础，这些物资准备工作必须在工程开工之前完成，需要编制各种物资的需要量计划，分别落实货源，安排运输和储备，使其满足连续施工的要求。

3. 劳动力组织准备

劳动力组织准备工作包括以下内容：

（1）建立施工项目的领导机构；

（2）合理配置专业工种，组建精干的施工班组，组织进场前的安全、防火和文明施工等方面的教育，安排好职工的生活；

（3）向施工班组进行技术交底；

（4）建立各项管理制度。

4. 施工现场准备

施工现场准备工作包括以下内容：

（1）生产生活用水、用电；

（2）建造临时设施；

（3）做好建筑构（配）件、制品和材料的储存和堆放；

（4）做好冬、雨期施工安排；

（5）设置消防、保安设施。

5. 施工场外准备

施工现场外部的准备工作包括以下内容：

（1）材料的加工和订货；

（2）做好分包工作和签订分包合同；向上级提交开工申请报告。

6. 编制施工准备工作计划

为了落实上述各项施工准备工作，加强对其检查和监督，应根据各项施工准备工作的内容和实施时间，编制出施工准备工作计划。

第一步：进行施工部署

施工部署工作主要包括以下内容：

（1）拟定施工方案、划分施工段；

（2）对设计院制作的施工图进行深化设计；

（3）进行仓储、加工及施工总平面布置。

第二步：制作施工进度计划

根据项目总体的施工总进度计划，制作建筑设备工程包含的各个单位工程的施工进度计划。

第三步：制作施工资源需用计划

根据施工进度计划，制作建筑设备工程各个单位工程的人力资源需用计划、主要设备及材料需求计划、施工机具及检测设备配置计划等。

第四步：制作工程质量管理方案

工程质量管理方案包括以下内容：

（1）质量策划；

（2）质量管理流程；

（3）质量保证措施；

（4）成品保护措施。

第五步：制作施工安全管理方案

施工安全管理方案包括以下内容：

（1）安全生产保证措施及管理制度；

（2）防火措施及管理制度。

第六步：制作施工项目成本管理方案

根据施工项目的特点要求，采用工期-成本优化方法进行科学化施工成本管理。根据施工预算，制作资金使用计划；制定施工过程资金使用管理流程；制定工程量增补的签证管理流程，为最后的施工决算提供充足的依据。

上述六大步内容构成了建筑设备施工经济与组织的技术管理支撑体系，在施工组织管理过程中贯彻实施。

四、建筑设备工程施工组织管理的发展特点

大型综合性建设项目中，建筑设备工程复杂程度较高，利用网络技术编制施工进度计划，施工组织广泛采用流水施工组织方式，采取各种有效措施进行工期-成本优化，达到工期短、质量高和成本低的目的。这样对项目管理者提出了更高的要求，需要针对施工特点，对各个环节精心组织、严格管理，全面协调好施工过程中的各种矛盾关系；对于复杂的施工过程，应找出关键线路，合理组织各种资源的投入顺序、数量和比例，才能取得全面的经济效益和社会效益。

第一章 建设工程项目基本程序简介

第一节 项目决策阶段

建设工程项目决策阶段主要工作内容包括：提出项目建议书、编制项目可行性研究报告、对可行性研究报告进行评估论证。

一、提出项目建议书

项目建议书是业主单位向国家提出要求建设某个建设项目的建议性文件，是对建设项目的轮廓设想，提出拟建项目的必要性和可能性。建设项目要符合国家经济长远规划和行业地区的规划要求。

二、项目可行性研究

项目建议书经批准后，紧接着要进行可行性研究。可行性研究是对建设项目在技术、经济上是否可行进行科学分析和论证，为项目决策提供依据。可行性研究通过多个方案比较，提出评价意见，推荐最佳方案。

项目可行性研究的主要内容包括：项目概况、项目用地、动迁安置、市场分析、建设规模、规划设计影响、环境影响、资源供给、资本运作方案、开发模式、组织机构、岗位需求、管理费用、项目建设节点计划、项目经济及社会效益分析、结论及建议。

可行性研究的步骤如下：

第一步：投资机会研究

该阶段的主要任务是对投资项目用地进行初步摸底和意向性谈判，并对投资项目或投资方向提出建议，以自然资源和市场调查预测为基础，寻找最有利的投资机会。

第二步：初步可行性研究

在投资机会研究的基础上，进一步对项目建设的可能性与潜在效益论证分析。

第三步：详细可行性研究

详细可行性研究是分析项目在技术、经济方面可行性后作出投资决策的关键步骤。因此，详细可行性研究应通过详细的调查研究、方案优化、财务评价、经济效益和环境效益评价，编制出可行性研究报告。

三、项目评估与决策

项目评估与决策通常委托有资格的咨询评估单位就项目可行性研究报告进行评估论证，经政府部门批准后，项目进入前期开发阶段。首先进行设计工作阶段。

第二节 设计工作阶段

建设工程项目设计工作通常分为两个阶段，即初步设计和施工图设计。技术上比较复杂而又缺少设计经验的项目，在初步设计后追加技术设计。初步设计完成之后要送审报批。

1. 初步设计

初步设计是根据可行性研究报告的要求所做的具体方案，主要包括规划方案、建筑方案和机电消防等配套方案，并编制项目总概算。初步设计不得随意改变被批准的可行性研究报告所确定的建设规模、产品方案、工程标准、建设地址和总投资等控制指标。

2. 技术设计[1]

技术设计是为了进一步解决初步设计中的重大技术问题，如工艺流程、建筑结构、设备选型及数量确定等，使建筑项目的设计更具体、更完善，技术经济指标更好。

3. 施工图设计

建筑施工图设计完整地表现了建筑物外形、内部空间分割、结构体系、构造状况以及建筑群的组成和周围环境的配合，具有详细的构造尺寸。机电、消防、各种运输和通信等建筑设备系统的施工图设计，同样完整地表现了各个系统的工艺要求，确定了各种设备型号、规格和非标准设备的制造加工图，具有详细的安装尺寸。施工图是进行成本预算、招投标、拟定施工方案、施工组织设计及指导施工的基本依据。

第三节　前期准备、建设实施及竣工验收交付使用阶段

一、建设前期准备工作

建设前期的准备工作主要包括：

（1）办理土地使用权手续，获取《土地使用权证》；

（2）申请办理《房屋拆迁许可证》，进行拆迁和场地平整；

（3）规划申报，办理《建设工程规划许可通知书》，凭此通知书到建设行政主管部门办理《施工许可证》；

（4）建设项目报建登记；

（5）申办招投标手续、进行招投标工作；

（6）签订施工合同；

（7）准备施工用水、施工用电等。

二、建设实施阶段

开发商申请的建设工程项目获得批准后，项目便进入了建设实施阶段。建设单位和委托的监理公司对总承包施工单位实施进度、质量、安全和成本目标管理。总承包施工单位项目经理部根据施工合同确定的开工日期、总工期和竣工日期，确定施工进度目标，明确计划开工日期、计划总工期和计划竣工日期，并对施工项目全方位进行施工组织管理。

1. 开工日期

工程项目开工日期是指设计文件中规定的任何一项永久性工程第一次破土开槽、土石方开始施工的日期或正式开始打桩日期。

2. 总工期

工程项目所有单位工程项目合理有序地交叉作业，编制成总体施工进度计划，所需要的总工作日称为项目的总工期。

3. 工程进度

工程项目总体施工进度计划中所有单位工程施工工作量完成状况称为工程进度。

4. 竣工日期

工程项目竣工日期是指所有单位工程内容全部完成，经主管部门验收合格的时间。

5. 交工日期

工程项目交工日期是指所有单位工程内容全部完成，经主管部门验收合格后，开始移交使用单位的时间。

当建设项目按照设计文件的规定内容全部完成以后，便可组织验收。这是建设单位、设计单位、监理公司和总承包施工单位向当地政府主管部门汇报建设项目的生产能力、工程质量、投入成本和新增固定资产情况的过程。

三、竣工验收阶段

工程验收方式分为分步验收和工程项目整体报竣验收。

1. 主体结构工程分段验收

高层建筑在部分主体结构完成施工且在抹灰之前，可以分段验收主体结构工程，这样可以提前进行机电设备工程施工，缩短总工期。

2. 消防工程验收

经消防监督机构审核的建设项目必须进行消防验收，并下发《建筑工程消防验收意见书》。

3. 整体报竣验收

工程报竣验收通常按照以下程序进行：

第一步：整体工程项目完工后，总承包施工单位向监理公司和建设单位提交工程竣工报告，申请工程竣工验收。

第二步：监理公司和建设单位对上报的所有资料进行审核，对符合竣工验收要求的工程，建设单位组织勘察、设计、施工、监理等单位和其他有关方面的专家组成验收组，制定验收方案。验收组成员应检查以下几项内容：

（1）工程合同履约情况和工程建设各个环节执行法律、法规、工程建设强制性标准的情况；

（2）审阅工程档案资料；

（3）实地检查工程质量；

（4）对工程项目管理的各个环节作出全面评价，验收组人员签署工程竣工验收意见。

第三步：建设单位将专家组签署的工程竣工验意见上报当地建设工程质量监督机构。

第四步：工程质量监督部门审核报送资料合格后，到现场进行测评、核定质量等级。

第五步：建设单位再次组织计划、财政、审计、规划、消防、城建、档案、土地等有关部门进行竣工验收，并在程序表格上签出部门意见。

第六步：竣工验收资料由建设单位装订成册后，送到城建档案馆。到此为止工程销号。

四、交付使用阶段

建设单位在交付使用阶段的主要工作是组织交付竣工图纸和设备技术资料，并组织对使用单位进行设备系统维护保养工作培训。

参 考 文 献

[1] 城市居住区规划设计规范（GB 50180—93）. 2002版. 北京：中国建筑工业出版社，2002.

第二章　建筑工程项目招标与投标

第一节　建筑工程项目招标

一、招标应具备的条件

（1）建设单位提出的投资概算已经被主管部门批准；

（2）建设前期准备工作基本结束，即已经办理了土地使用权手续，获取了《土地使用权证》；规划申报已经结束、取得了建设工程规划许可通知书；建设行政主管部门下发了《施工许可证》；建设项目报建登记工作完毕。

二、招标方式

目前招标方式有以下两种方式：

1. 公开招标

公开招标是指建设单位委托招标机构通过媒体公开发布招标公告的方式。这种招标方式工作量较大，一般适用于大、中型工程项目。

2. 邀请招标

邀请招标是指建设单位自行选择施工单位发出招标邀请书的方式。

三、招标程序

建设单位招标方式通常采用公开方式和邀请方式两种，建设单位应严格按照规定的程序完成招标工作。

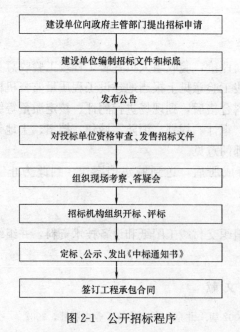

图 2-1　公开招标程序

1. 公开招标程序

公开招标程序如图 2-1 所示。

通常情况下，由政府主持的大、中型建设项目都采用公开招标的方式，其中招标文件和标底部分都需要建设项目评估专家进行评审。公开招标的组织过程消耗时间较长，一般需要 2 个月以上，甚至更长时间。

2. 邀请招标程序

邀请招标程序如图 2-2 所示。通常情况下，非政府出资的自主建设项目多采用邀请招标方式，其中招标文件由建设单位内部组成的招标委员会评审。邀请招标方式消耗时间一般在 2 个月以内。

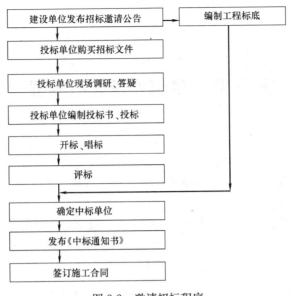

图 2-2 邀请招标程序

第二节 建筑工程项目投标

投标单位应根据项目的规模、复杂程度、投资状况等基本信息，再结合本公司的实际经营状况、技术能力和中标的概率决定是否参加投标工作。投标的基本工作就是领取标书、根据标书要求编制投标文件、递交投标文件、参加开标、候审，其中编制投标文件是核心工作。

一、领取标书

投标单位领取招标文件、图纸和有关技术资料后，应仔细阅读"投标须知"。根据图纸核对招标文件中提供的工程量清单，发现问题应尽快向招标单位提出。

二、编制投标文件

投标书通常包括商务标书和技术标书。商务标书是根据招标文件要求编制的投标报价；技术标书是根据项目特点编制的施工方案或施工组织设计。

三、递交投标文件

在投标截止时间前按规定的地点将投标文件递交至招标单位。在递交投标文件以后，投标截止时间之前，投标单位可以对所递交的投标文件进行修改或撤回。

四、投标程序

投标单位应按照如图 2-3 所示的投标程序进行投标工作。

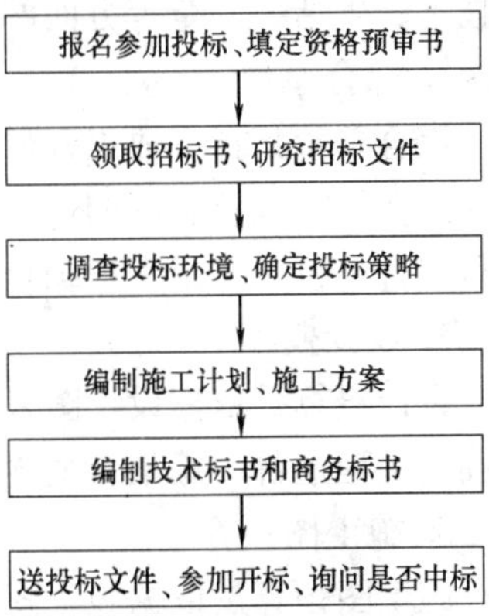

报名参加投标、填定资格预审书

领取招标书、研究招标文件

调查投标环境、确定投标策略

编制施工计划、施工方案

编制技术标书和商务标书

送投标文件、参加开标、询问是否中标

图 2-3 投标程序

招标单位通常组织专家委员会按照特定的评估体系，对投标文件进行评估后决定最终的中标单位。在评估指标中，投标价格指标占的权重系数最大，通常在 0.6 以上。因此，有些招标单位通常采用低价中标法确定中标单位。确定投标价格的基本依据就是工程预算，下一章将讲述建筑设备工程预算的相关知识。

第三章　建筑设备工程预算

在第二章讲到，施工企业编制商务标书的核心内容是工程投标报价，而报价的基本依据就是工程预算。定额法和工程量清单计价法是目前常见的预算方法，其中工程量清单计价法是同国际接轨的预算方法，比定额法更为直接、准确。2000 年以来，我国建筑行业广泛使用这种方法。

建设单位、建筑总承包单位和建筑设备施工企业通常都设立预算成本部门。建设单位的标底编制、施工企业进行工程预算或编制投标报价书均由预算成本部门完成，要想做好工程预算工作，不仅要明白施工工艺，还要懂得预算方法。

第一节　建筑设备工程施工项目费用组成

在讲述建筑设备工程预算之前，需要讲解与之相关的几个基本概念，例如：定额、工程量清单、综合单价、设计概算、施工图预算和施工预算等，这些基本概念在工程预算时经常出现，在理解这些基本概念含义的基础上才能理解工程预算的方法。

一、基本概念

1. 定额

定额是将某个分项工程正常施工条件下所消耗的人力、物力和资金量规定成一个标准。通常根据定额编制设计概算、确定项目投资资金、编制施工图预算、编制标底[1]。

2. 工程量清单

工程量清单是指拟建工程的分部分项工程项目、措施项目（发生在施工前、施工过程中技术、生活、安全等方面的非工程实体项目）、其他项目名称和相应数量的明细清单[2]。

3. 综合单价

综合单价是指完成工程量清单中一个规定计量单位项目所需要的人工费、材料费、机械使用费、管理费和利润，并考虑风险因素后的单价。包括分部分项工程综合单价、措施项目综合单价、零星工程综合单价等。

4. 设计概算

设计概算是依据设计图采用定额法或清单计价法计算各个分项工程的造价，是建设单位确定工程造价、筹集资金数量的参考依据。

5. 施工图预算

施工图预算是依据施工图采用定额法或清单计价法计算各个分项工程的造价。预算定额内各个分项工程的细目比施工定额更综合、扩大，可变因素多，是确定施工工程造价的直接依据。

6. 施工预算

施工预算是施工单位根据施工定额编制的确定某项工程所需人工、材料和施工机械台班数量的计划性文件。施工定额细目对工程质量要求、施工方法以及所需劳动日、材料品种、规格型号均有明确要求，因此比预算定额更详细、更具体；是企业内部的一种文件，与建设单位无关，不可作为结算的依据。

二、建筑设备工程施工项目费用组成

建筑设备工程施工项目费用组成结构因计价模式不同而有区别。定额计价模式下的费用组成结构如图 3-1 所示，由直接费用、间接费用、计划利润和税金组成。工程量清单计价模式下的费用组成结构如图 3-2 所示，由分部分项工程费、措施项目费、其他项目费、规费和税金组成。

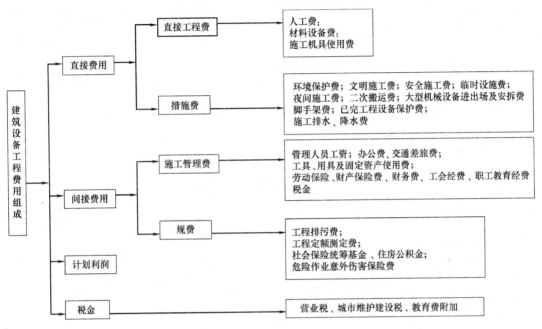

图 3-1 定额计价模式下建筑设备工程施工项目费用组成

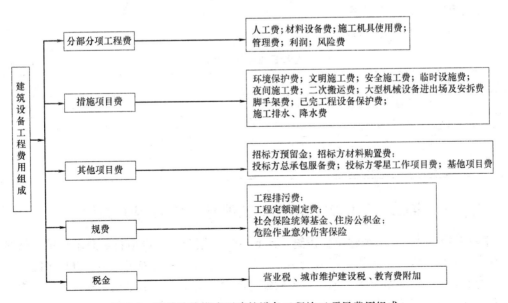

图 3-2 清单计价模式下建筑设备工程施工项目费用组成

三、计价程序

1. 定额计价程序

定额计价程序分为两种,一种是以直接费为计算基础的计价程序,另一种是以人工费为计算基础的计价程序,后者比前者细致一些。

(1) 以直接费为计算基础的计价程序

以直接费为计算基础的计价程序如表 3-1 所示。

以直接费为计算基础的建筑安装工程计价程序 表 3-1

序号	费用项目	计 算 方 法	序号	费用项目	计 算 方 法
1	直接工程费	按照分部分项工程预算	5	利润	[(3)+(4)]×相应利润率
2	措施费	按规定标准计算	6	合计	(3)+(4)+(5)
3	小计	(1)+(2)	7	税金	(6)×相应税率
4	间接费	(3)×相应费率	8	含税造价	(6)+(7)

(2) 以人工费为计算基础的计价程序

以人工费为计算基础的计价程序如表 3-2 所示。

以人工费为计算基础的计价程序 表 3-2

序号	费用项目	计 算 方 法	序号	费用项目	计 算 方 法
1	直接工程费	按照分部分项工程预算	7	间接费	(6)×相应费率
2	直接工程费中人工费	按照分部分项工程预算	8	利润	(6)×相应利润率
3	措施费	按照规定标准计算	9	合计	(5)+(7)+(8)
4	措施费中人工费	按照规定标准计算	10	税金	(9)×税率
5	小计	(1)+(3)	11	含税造价	(9)+(10)
6	小计费合计	(2)+(4)			

2. 工程量清单计价程序

工程量清单计价程序如表 3-3 所示。

工程量清单计价程序 表 3-3

序号	费用项目	计 算 方 法	序号	费用项目	计 算 方 法
1	分部分项工程费	∑(清单工程量×综合单价)	5	不含税工程造价	(1)+(2)+(3)+(4)
2	措施项目费	按照规定标准计算(包括利润)	6	税金	(5)×税率
3	其他项目费	按招标文件规定计算	7	含税工程造价	(5)+(6)
4	规费	[(1)+(2)+(3)]×相应费率			

第二节 工程量清单计价法编制工程预算应用案例

【例 3-1】 某城市一个建筑面积约 8 万 m^2 的 30 层公寓建设项目,总承包单位将机电工程施工项目作为一个单位工程邀请招标,该单位工程分解为采暖地热、群楼采暖、换热站、给水排水、生活水泵房、通风、泵房配电和动力电 7 个分部分项工程,招标书提供了技术要求并提供了施工图,要求投标单位使用工程量清单计价法报价。

投标单位首先仔细阅读了招标书提供的技术要求和施工图，将发现的问题以书面形式向招标单位提出并进行了现场答疑，然后按照图 3-2 所示的清单计价模式下建筑设备工程施工项目费用组成和表 3-3 所示的工程量清单计价程序，完成编制出这 7 个分部分项工程的《主要材料设备价格表》、《分部分项工程量清单综合单价分析表》、《分部分项工程量清单计价表》、《措施项目费分析表》、《措施项目清单计价表》，最后汇总为《机电工程费汇总表》，完成了机电工程施工项目的预算报价。介绍本例的目的是使读者掌握如何编制完成上述表格中的内容，对工程量清单计价法报价加深理解。因此，以下举出通风工程这一分项工程的编制完成上述表格的实例，便可掌握通用方法。考虑篇幅的原因，其他分部分项工程量清单计价省略。

一、通风工程主要材料设备价格表

材料设备价格是工程预算需要的基础资料。材料设备价格表主要填写材料编码、材料名称、材料单位、材料单价、材料品牌（产地）和材料生产厂家。填写上述内容必须根据市场的变化而变化，施工企业通常根据使用经验与某些设备生产厂家建立长期合作关系，达成双赢的优惠条件。表 3-4 所示内容为本例编制完成的通风工程的主要材料价格表实例。

某公寓通风工程主要材料设备价格表　　　　　　　　　　表 3-4

工程名称:某公寓通风工程

序号	材料编码	材料名称	单位	单价(元)	品牌、产地	厂家
1	2003010671	镀锌钢板 $\delta 1.2$	m²	75.00	恒通	河北恒通板材
2	2003010668	普通钢板 $\delta 3$	m²	140.00	河北	唐山钢铁
3	2003010681-1	电动手摇两用风机 $L=500\sim1000\text{m}^3/\text{h}$ $H=120\sim60\text{mmH}_2\text{O}$ $n=28$	台	3230.00	亚太 山东	德州亚太集团
4	2003010681-2	过滤吸收器:额定过滤风量＝1000m³/h	台	6000.00	亚太 山东	德州亚太集团
5	2003010681-3	旱厕排风机 SJG-4F $L=2000\text{m}^3/\text{h}, H=400\text{Pa}$ $n=1450\text{r/min}$	台	1700.00	亚太 山东	德州亚太集团
6	2003010684-1	LWP 型油网滤尘器	台	4760.00	亚太 山东	德州亚太集团
7	TC1000007-1	风道调节阀 $\Phi600$	个	466.00	亚太 山东	德州亚太集团
8	TC1000007-1	风道调节阀 $\Phi650$	个	548.00	亚太 山东	德州亚太集团
9	TC1000008-1	手动密闭阀 D50J-0.5 $Dg650$	个	2040.00	亚太 山东	德州亚太集团
10	TC1000009-1	手动密闭阀 D50J-0.5 $Dg600$	个	2040.00	亚太 山东	德州亚太集团
11	TC1000010-1	手动密闭阀 D50J-0.5 $Dg320$	个	901.00	亚太 山东	德州亚太集团
12	TC1000005-1	铝合金双层百页风口 450×200(mm)	个	56.00	亚太 山东	德州亚太集团
13	TC1000006-1	铝合金蛋格式风口 200mm×200mm	个	34.00	亚太 山东	德州亚太集团
14	TC1000004-1	风道止回阀 $\Phi400$	个	224.00	亚太 山东	德州亚太集团
15	TC1000003-1	自动排气活门 $L=120\sim500\text{m}^3/\text{h}$ YF$\Phi200$	个	476.00	亚太 山东	德州亚太集团
16	TC1000011-1	手动密闭阀 D50J-0.5 $Dg500$	个	1530.00	亚太 山东	德州亚太集团
17	TC1000013-1	电动风阀 1000mm×1000mm	个	748.00	亚太 山东	德州亚太集团

序号	材料编码	材料名称	单位	单价(元)	品牌、产地	厂家
18	TC1000014-1	电动风阀 1500mm×1200mm	个	1335.00	亚太 山东	德州亚太集团
19	TC1000015-1	碳钢风道止回阀 Φ1200	个	1539.00	亚太 山东	德州亚太集团
20	TC1000016-1	碳钢风道止回阀 Φ600	个	350.00	亚太 山东	德州亚太集团
21	TC1000017	碳钢风道止回阀 400mm×200mm	个	180.00	亚太 山东	德州亚太集团
22	TC1000018-1	碳钢风道止回阀 300mm×150mm	个	143.00	亚太 山东	德州亚太集团
23	TC1000019-1	防烟防火阀(70℃关)400mm×200mm	个	281.00	亚太 山东	德州亚太集团
24	TC1000020-1	防烟防火阀(70℃关)300mm×150mm	个	243.00	亚太 山东	德州亚太集团
25	TC1000021-1	防烟防火阀(280℃关)Φ1200	个	688.00	亚太 山东	德州亚太集团
26	TC1000022-1	防烟防火阀(280℃关)Φ600	个	504.00	亚太 山东	德州亚太集团
27	TC1000024-1	铝合金蛋格式风口 150mm×150mm	个	24.00	亚太 山东	德州亚太集团
28	TC1000025-1	铝合金蛋格式风口 200mm×200mm	个	34.00	亚太 山东	德州亚太集团
29	TC1000026-1	铝合金蛋格式风口 250mm×200mm	个	41.00	亚太 山东	德州亚太集团
30	TC1000027-1	铝合金蛋格式风口 500mm×500mm	个	145.00	亚太 山东	德州亚太集团
31	TC1000028-1	铝合金蛋格式风口 1800mm×800mm	个	706.00	亚太 山东	德州亚太集团
32	TC1000028-2	铝合金蛋格式风口 200mm×150mm	个	30.00	亚太 山东	德州亚太集团
33	TC1000029-1	多页排烟口 500mm×500(+250)mm	个	649.00	亚太 山东	德州亚太集团
34	TC1000030-1	多页排烟口 500mm×800(+250)mm	个	780.00	亚太 山东	德州亚太集团
35	TC1000031-1	多页送风口 630mm×500(+250)mm	个	736.00	亚太 山东	德州亚太集团
36	TC1000032-1	多页送风口 500mm×1000(+250)mm	个	867.00	亚太 山东	德州亚太集团
37	TC1000033-1	多页送风口 630mm×1000(+250)mm	个	986.00	亚太 山东	德州亚太集团
38	TC1000034-1	铝合金防火排风口 500mm×400mm	个	413.00	亚太 山东	德州亚太集团
39	TC1000035-1	铝合金防火排风口 500mm×630mm	个	508.00	亚太 山东	德州亚太集团
40	TC1000036-1	铝合金防雨百页风口 Φ600	个	221.00	亚太 山东	德州亚太集团
41	TC1000037-1	铝合金防雨百页风口 Φ700	个	284.00	亚太 山东	德州亚太集团
42	TC1000037-1	铝合金防雨百页风口 Φ1000	个	512.00	亚太 山东	德州亚太集团
43	TC1000038-1	铝合金防雨百页风口 500mm×600mm	个	148.00	亚太 山东	德州亚太集团
44	TC1000039-1	铝合金防雨百页风口 1400mm×1000mm	个	581.00	亚太 山东	德州亚太集团
45	TC1000040-1	铝合金防雨百页风口 1200×2000(H)	个	964.00	亚太 山东	德州亚太集团
46	TC1000041-1	铝合金防雨百页风口 2000×3600(H)	个	2825.00	亚太 山东	德州亚太集团
47	TC1000042	铝合金防雨百页风口 2500×3600(H)	个	3500.00	亚太 山东	德州亚太集团
48	TC1000042	双层百页风口 1000mm×500mm	个	1085.00	亚太 山东	德州亚太集团
49	TC1000042	双层百页风口 500mm×500mm	个	674.00	亚太 山东	德州亚太集团
50	TC1000042	双层百页风口 1200mm×400mm	个	307.00	亚太 山东	德州亚太集团
51	TC1000042	双层百页风口 1600mm×400mm	个	1668.00	亚太 山东	德州亚太集团
52	TC1000042	双层百页风口 600mm×500mm	个	583.00	亚太 山东	德州亚太集团
53	TC1000042	双层百页风口 400mm×500mm	个	437.00	亚太 山东	德州亚太集团
54	TC1000042	双层百页风口 400mm×400mm	个	406.00	亚太 山东	德州亚太集团

序号	材料编码	材料名称	单位	单价(元)	品牌、产地	厂家
55	TC1000042	双层百页风口 $\Phi 800$	个	1368.00	亚太 山东	德州亚太集团
56	TC1000042	双层百页风口 $\Phi 700$	个	835.00	亚太 山东	德州亚太集团
57	2003010681-4	车库排烟机 LWPF-I-12 $L=56450m^3/h,H=710Pa,N=14kW$	台	12767.00	亚太 山东	德州亚太集团
58	2003010396-1	车库暖风机 $L=50000m^3/h$, $Q=390kW,N=15kW$	台	53550.00	亚太 山东	德州亚太集团
59	2003010396-2	吊装暖风机 QXN-10,$L=10000m^3/h$, $N=3kW,Q=77.5kW$	台	13600.00	亚太 山东	德州亚太集团
60	2003010397-1	热空气幕 L3000V 加热水温 95/70℃,$L=2170\sim2650m^3/h$	台	51000.00	亚太 山东	德州亚太集团
61	2003010681-5	楼梯间加压送风机 GXF-11C $L=55949m^3/h,H=1158Pa,N=14kW$	台	19023.00	亚太 山东	德州亚太集团
62	2003010683-1	楼梯间加压送风机 GXF-10C $L=46465m^3/h,H=1142Pa,N=14kW$	台	12393.00	亚太 山东	德州亚太集团
63	2003010681-6	前室正压送风机 GXF-7C $L=25046m^3/h,H=1325Pa,n=1450r/min$	台	7480.00	亚太 山东	德州亚太集团
64	2003010681-7	前室正压送风机 GXF-6C $L=18520m^3/h,H=1333Pa,n=2900r/min$	台	6137.00	亚太 山东	德州亚太集团
65	2003010681-8	双速排风机 LWPF-Ⅱ-6 $N=5.5/4kW,L=17600/11650m^3/h$	台	6188.00	亚太 山东	德州亚太集团
66	2003010681-9	送风导流器 $L=1600R$ $N=135W$ 机组噪声$=56DB(A)$	台	680.00	亚太 山东	德州亚太集团
67	2003010681-10	外摆式方接口管道风机 LS30-15,$L=200m^3/h,H=330Pa,N=2kW$	台	2040.00	亚太 山东	德州亚太集团
68	2003010681-11	外摆式方接口管道风机 LS40-20L, $L=600m^3/h,H=390Pa,N=2kW,n=500r/min$	台	2295.00	亚太 山东	德州亚太集团
69	2003010683-2	轴流风机 LAW-200E2 $L=2500m^3/h,N=0.09kW,n=1400r/min$	台	918.00	亚太 山东	德州亚太集团
70	2003010683-3	走廊排烟风机 GYF-6I $L=12725m^3/h,H=898Pa,n=2900r/min$	台	3689.00	亚太 山东	德州亚太集团
71	2003010681-12	电梯前室加压送风机 GXF-8C, $L=30572m^3/h,H=1292Pa,N=14kW$	台	9605.00	亚太 山东	德州亚太集团
72	2003010681-13	电梯前室加压送风机 GXF-7C,$L=25046m^3/h,H=1325Pa,N=14kW$	台	7480.00	亚太 山东	德州亚太集团
73	2003010681-14	清洁送风机 $L=12140m^3/h,H=450Pa,n=960r/min,N=2.2kW$	台	3910.00	亚太 山东	德州亚太集团
74	2003010678	玻璃钢风管	m^2	65.00	亚太 山东	德州亚太集团

二、通风工程量清单综合单价分析表

分部分项工程量清单综合单价分析表主要包括项目编码、项目名称、工程内容、综合单价。其中综合单价组成包括人工费、材料费、机械使用费、管理费、利润。通风工程的材料费依据表 3-4 的对应价格选取；人工费、机械使用费率通常参照各地区的行业工种定额选取；管理费率和利润率通常依据行业标准选取。本例通风工程量清单综合单价分析表填写内容详见表 3-5。

项目名称：某公寓通风工程

序号	项目编码	项目名称	工程内容	综合单价组成（元）					综合单价（元）
				人工费	材料费	机械使用费	管理费	利润	
1	030902006001	通风圆形管道直径在1120mm以下 【项目特征】 材质：无机复合风管； 形状：圆形； 板材厚度：夹保温隔热层 【工程内容】 (1)风管、管件、法兰、零件、支吊架制作、安装； (2)弯头导流叶片制作、安装； (3)过跨风管落地支架制作、安装； (4)风管检查孔制作； (5)温度、风量测定孔制作； (6)风管、法兰、法兰加固框、支吊架、保护层除锈、刷油	玻璃钢圆形风管安装：δ=4mm以内　直径在 1120mm 以下	14.58	78.7	0.42	1.16	1.49	96.35
			合计	14.58	78.7	0.42	1.16	1.49	
2	030902006002	通风矩形管道周长在2000mm以下 【项目特征】 材质：无机复合风管； 形状：矩形； 板材厚度：夹保温隔热层 【工程内容】 (1)风管、管件、法兰、零件、支吊架制作、安装； (2)弯头导流叶片制作、安装； (3)过跨风管落地支架制作、安装； (4)风管检查孔制作； (5)温度、风量测定孔制作； (6)风管、法兰、法兰加固框、支吊架、保护层除锈、刷油	玻璃钢矩形风管安装：δ=4mm以内　周长在 2000mm 以下	14.38	80.54	0.62	1.16	1.49	98.18
			合计	14.38	80.54	0.62	1.16	1.49	
3	030902006003	通风管道周长在4000mm以下 【项目特征】形状：矩形； 板材厚度：夹保温隔热层	玻璃钢矩形风管安装：δ=4mm以内　周长在 4000mm 以下	10.84	77.66	0.3	0.86	1.1	90.76

16

序号	项目编码	项目名称	工程内容	综合单价组成(元)					综合单价(元)
				人工费	材料费	机械使用费	管理费	利润	
3	030902006003	【工程内容】 (1)风管、管件、法兰、零件、支吊架制作、安装； (2)弯头导流叶片制作、安装； (3)过跨风管落地支架制作、安装； (4)风管检查孔制作； (5)温度、风量测定孔制作； (6)风管、法兰、法兰加固框、支吊架、保护层除锈、刷油	玻璃钢矩形风管安装：δ=4mm以内 周长在4000mm以下	10.84	77.66	0.3	0.86	1.1	90.76
			合计	10.84	77.66	0.3	0.86	1.1	
4	030902006004	通风矩形管道周长在4000mm以上 【项目特征】 材质：无机复合风管； 形状：矩形； 板材厚度：夹保温隔热层 【工程内容】 (1)风管、管件、法兰、零件、支吊架制作、安装； (2)弯头导流叶片制作、安装； (3)过跨风管落地支架制作、安装； (4)风管检查孔制作； (5)温度、风量测定孔制作； (6)风管、法兰、法兰加固框、支吊架	玻璃钢矩形风管安装：δ=4mm以内 周长在4000mm以上	13.12	78.39	0.23	1.03	1.32	94.09
			合计	13.12	78.39	0.23	1.03	1.32	
5	030902008001	柔性软风管 【工程内容】 (1)安装；(2)风管接头安装	柔性软风管安装：直径在250mm以内	1.6	38		0.12	0.16	39.88
			合计	1.6	38		0.12	0.16	
6	030903001002	电动风阀安装1000mm×1000mm	碳钢风管防火阀安装：周长在5400mm以内	71.34	20.2		5.5	7.07	852.1
			电动风阀安装：1000mm×1000mm		748				
			合计	71.34	768.2		5.5	7.07	
7	030903001003	电动风阀安装1500mm×1200mm	碳钢风管防火阀安装：周长在5400mm以内	71.34	20.2		5.49	7.06	1439.1
			电动风阀安装：1500mm×1200mm		1335				
			合计	71.34	1355.2		5.49	7.06	

17

序号	项目编码	项目名称	工程内容	综合单价组成（元）					综合单价（元）
				人工费	材料费	机械使用费	管理费	利润	
8	030903001004	防烟防火阀(70℃关)安装 300mm×150mm	碳钢风管防火阀安装:周长在2200mm以内	8.26	12.36		0.64	0.82	265.07
			防烟防火阀(70℃关):300mm×150mm		243				
			合计	8.26	255.36		0.64	0.82	
9	030903001008	防烟防火阀(70℃关)安装 400mm×200mm	碳钢风管防火阀安装:周长在2200mm以内	8.26	12.36		0.64	0.82	303.07
			防烟防火阀(70℃关):400mm×200mm		281				
			合计	8.26	293.36		0.64	0.82	
10	030903001006	防烟防火阀(70℃关)安装 400mm×200mm	碳钢风管防火阀安装:周长在2200mm以内	8.26	12.36		0.64	0.82	303.07
			防烟防火阀(70℃关):400mm×200mm		281				
			合计	8.26	293.36		0.64	0.82	
11	030903001020	防烟防火阀(280℃关)安装 Φ1200	碳钢风管防火阀安装:周长在5400mm以内	71.34	20.2		5.49	7.06	792.1
			防烟防火阀(280℃关):Φ1200		688				
			合计	71.34	708.2		5.49	7.06	
12	030903001021	防烟防火阀(280℃关)安装 Φ600	碳钢风管防火阀安装:周长在2200mm以内	8.26	12.36		0.64	0.82	526.07
			防烟防火阀(280℃关):Φ600		504				
			合计	8.26	516.36		0.64	0.82	
13	030903001009	碳钢风道止回阀安装 300mm×150mm	碳钢圆、方形风管止回阀安装:周长在1200mm以内	11.04	6.08		0.85	1.09	162.06
			碳钢风道止回阀:300mm×150mm		143				
			合计	11.04	149.08		0.85	1.09	
14	030903001010	碳钢风道止回阀安装 400mm×200mm	碳钢圆、方形风管止回阀安装:周长在1200mm以内	11.04	6.08		0.85	1.09	199.06
			碳钢风道止回阀:400mm×200mm		180				
			合计	11.04	186.08		0.85	1.09	
15	030903001011	碳钢风道止回阀安装 Φ600	碳钢圆、方形风管止回阀安装:周长在2000mm以内	16.92	12.36		1.31	1.68	382.26
			碳钢风道止回阀:Φ600		350				
			合计	16.92	362.36		1.31	1.68	

序号	项目编码	项目名称	工程内容	综合单价组成(元)					综合单价(元)
				人工费	材料费	机械使用费	管理费	利润	
16	030903001012	碳钢风道止回阀安装 Φ1200	方形风管止回阀安装:周长在3200mm以内	19.7	16.52		1.52	1.95	1595.97
			方形风管止回阀安装:周长在800mm以内	9.86	5.68		0.76	0.98	
			碳钢风道止回阀:Φ1200		1539				
			合计	29.56	1561.2		2.28	2.93	
17	030903011001	铝合金蛋格式风口安装 150mm×150mm	铝及铝合金网式风口:周长在4000mm以内	23.64	2.8	1.91	1.97	2.53	56.85
			铝合金蛋格式风口:150mm×150mm		24				
			合计	23.64	26.8	1.91	1.97	2.53	
18	030903011002	铝合金蛋格式风口安装 200mm×200mm	铝及铝合金网式风口:周长在4000mm以内	23.64	2.8	1.91	1.97	2.53	66.85
			铝合金蛋格式风口:200mm×200mm		34				
			合计	23.64	36.8	1.91	1.97	2.53	
19	030903011003	铝合金蛋格式风口安装 250mm×200mm	铝及铝合金网式风口:周长在4000mm以内	23.64	2.8	1.91	1.97	2.53	73.85
			铝合金蛋格式风口:250mm×200mm		41				
			合计	23.64	43.8	1.91	1.97	2.53	
20	030903011004	铝合金蛋格式风口安装 500mm×500mm	铝及铝合金网式风口:周长在4000mm以内	23.64	2.8	1.91	1.97	2.53	177.85
			铝合金蛋格式风口:500mm×500mm		145				
			合计	23.64	147.8	1.91	1.97	2.53	
21	030903011005	铝合金蛋格式风口安装 1800mm×800mm	铝及铝合金网式风口:周长在6000mm以内	27.56	4.2	3.83	2.42	3.11	747.11
			铝合金蛋格式风口:1800mm×800mm		706				
			合计	27.56	710.2	3.83	2.42	3.11	
22	030903011023	铝合金蛋格式风口安装 200mm×150mm	铝及铝合金网式风口:周长在4000mm以内	23.64	2.8	1.91	1.97	2.53	62.85
			铝合金蛋格式风口:200mm×150mm		30				
			合计	23.64	32.8	1.91	1.97	2.53	

序号	项目编码	项目名称	工程内容	综合单价组成(元)					综合单价(元)
				人工费	材料费	机械使用费	管理费	利润	
23	030903011006	多页排烟口安装 500mm×500(+250)mm	碳钢对开多页调节阀:周长在2800mm以内	17.76	12.76		1.37	1.76	682.65
			多页排烟口:500mm×500(+250)mm		649				
			合计	17.76	661.76		1.37	1.76	
24	030903011007	多页排烟口安装 500mm×800(+250)mm	碳钢对开多页调节阀:周长在2800mm以内	17.76	12.76		1.37	1.76	813.65
			多页排烟口:500mm×800(+250)mm		780				
			合计	17.76	792.76		1.37	1.76	
25	030903011008	多页送风口安装 630mm×500(+250)mm	碳钢对开多页调节阀:周长在2800mm以内	17.76	12.76		1.37	1.76	769.65
			多页送风口:630mm×500(+250)mm		736				
			合计	17.76	748.76		1.37	1.76	
26	030903011009	多页送风口安装 500mm×1000(+250)mm	碳钢对开多页调节阀:周长在4000mm以内	19.7	16.04		1.52	1.95	906.21
			多页送风口:500mm×1000(+250)mm		867				
			合计	19.7	883.04		1.52	1.95	
27	030903011010	多页送风口安装 630mm×1000(+250)mm	碳钢对开多页调节阀:周长在4000mm以内	19.7	16.04		1.52	1.95	1025.21
			多页送风口:630mm×1000(+250)mm		986				
			合计	19.7	1002.04		1.52	1.95	
28	030903011011	铝合金防火排风口安装 500mm×400mm	铝及铝合金百页风口:周长在4000mm以内	42.58	12.03	1.33	3.38	4.35	476.67
			铝合金防火排风口:500mm×400mm		413				
			合计	42.58	425.03	1.33	3.38	4.35	
29	030903011012	铝合金防火排风口安装 500mm×630mm	铝及铝合金百页风口:周长在4000mm以内	42.58	12.03	1.33	3.38	4.35	571.67
			铝合金防火排风口:500mm×630mm		508				
			合计	42.58	520.03	1.33	3.38	4.35	

序号	项目编码	项目名称	工程内容	综合单价组成(元)					综合单价(元)
				人工费	材料费	机械使用费	管理费	利润	
30	030903011013	铝合金防雨百页风口安装 Φ600	铝及铝合金百页风口:周长在4000mm以内	42.58	12.03	1.33	3.38	4.35	284.67
			铝合金防雨百页风口:Φ600		221				
			合计	42.58	233.03	1.33	3.38	4.35	
31	030903011014	铝合金防雨百页风口安装 Φ700	铝及铝合金百页风口:周长在4000mm以内	42.58	12.03	1.33	3.38	4.35	347.67
			铝合金防雨百页风口:Φ700		284				
			合计	42.58	296.03	1.33	3.38	4.35	
32	030903011015	铝合金防雨百页风口安装 Φ1000	铝及铝合金百页风口:周长在4000mm以内	42.58	12.03	1.33	3.38	4.35	575.67
			铝合金防雨百页风口:Φ1000		512				
			合计	42.58	524.03	1.33	3.38	4.35	
33	030903011016	铝合金防雨百页风口安装 500mm×600mm	铝及铝合金百页风口:周长在4000mm以内	42.58	12.03	1.33	3.38	4.35	211.67
			铝合金防雨百页风口:500mm×600mm		148				
			合计	42.58	160.03	1.33	3.38	4.35	
34	030903011017	铝合金防雨百页风口安装 1400mm×1000mm	铝及铝合金百页风口:周长在6000mm以内	63.44	17.96	1.99	5.04	6.48	675.91
			铝合金防雨百页风口:1400mm×1000mm		581				
			合计	63.44	598.96	1.99	5.04	6.48	
35	030903011018	铝合金防雨百页风口安装 1200mm×2000(H)mm	铝及铝合金百页风口:周长在8000mm以内	84.33	23.96	1.99	6.65	8.55	1089.47
			铝合金防雨百页风口 1200mm×2000(H)mm		964				
			合计	84.33	987.96	1.99	6.65	8.55	
36	030903011019	铝合金防雨百页风口安装 2000mm×3600(H)mm	铝及铝合金百页风口:周长在10000mm以内	119.4	29.92	1.99	9.35	12.02	3061.34
			铝及铝合金百页风口:周长在4000mm以内	42.58	12.03	1.33	3.38	4.35	

序号	项目编码	项目名称	工程内容	综合单价组成（元）					综合单价（元）
				人工费	材料费	机械使用费	管理费	利润	
36	030903011019	铝合金防雨百页风口安装 2000mm × 3600(H)mm	铝合金防雨百页风口：2000mm×3600(H)mm		2825				3061.34
			合计	161.98	2866.95	3.32	12.73	16.37	
37	030903011020	铝合金防雨百页风口安装 2500mm × 3600(H)mm	铝及铝合金百页风口：周长在10000mm以内	119.4	29.92	1.99	9.35	12.02	3736.34
			铝及铝合金百页风口：周长在4000mm以内	42.58	12.03	1.33	3.38	4.35	
			铝合金防雨百页风口：2500mm×3600(H)mm		3500				
			合计	161.98	3541.95	3.32	12.73	16.37	
38	030903011024	双层百页风口安装 1000mm×500mm	铝及铝合金百页风口：周长在4000mm以内	42.58	12.03	1.33	3.38	4.35	1148.67
			双层百页风口：1000mm×500mm		1085				
			合计	42.58	1097.03	1.33	3.38	4.35	
39	030903011025	双层百页风口安装 500mm×500mm	铝及铝合金百页风口：周长在4000mm以内	42.58	12.03	1.33	3.38	4.35	737.67
			双层百页风口：500mm×500mm		674				
			合计	42.58	686.03	1.33	3.38	4.35	
40	030903011026	双层百页风口安装 1200mm×400mm	铝及铝合金百页风口：周长在4000mm以内	42.58	12.03	1.33	3.38	4.35	370.67
			双层百页风口：1200mm×400mm		307				
			合计	42.58	319.03	1.33	3.38	4.35	
41	030903011027	双层百页风口安装 1600mm×400mm	铝及铝合金百页风口：周长在4000mm以内	42.58	12.03	1.33	3.38	4.35	1731.67
			双层百页风口：1600mm×400mm		1668				
			合计	42.58	1680.03	1.33	3.38	4.35	
42	030903011028	双层百页风口安装 600mm×500mm	铝及铝合金百页风口：周长在4000mm以内	42.58	12.03	1.33	3.38	4.35	646.67
			双层百页风口：600mm×500mm		583				
			合计	42.58	595.03	1.33	3.38	4.35	

序号	项目编码	项目名称	工程内容	综合单价组成（元）					综合单价（元）
				人工费	材料费	机械使用费	管理费	利润	
43	030903011029	双层百页风口安装 400mm×500mm	铝及铝合金百页风口：周长在 4000mm 以内	42.58	12.03	1.33	3.38	4.35	500.67
			双层百页风口：400mm×500mm		437				
			合计	42.58	449.03	1.33	3.38	4.35	
44	030903011030	双层百页风口安装 400mm×400mm	铝及铝合金百页风口：周长在 4000mm 以内	42.58	12.03	1.33	3.38	4.35	469.67
			双层百页风口：400mm×400mm		406				
			合计	42.58	418.03	1.33	3.38	4.35	
45	030903011031	双层百页风口安装 Φ800	铝及铝合金百页风口：周长在 4000mm 以内	42.58	12.03	1.33	3.38	4.35	1431.67
			双层百页风口：Φ800		1368				
			合计	42.58	1380.03	1.33	3.38	4.35	
46	030903011032	双层百页风口安装 Φ700	铝及铝合金百页风口：周长在 4000mm 以内	42.58	12.03	1.33	3.38	4.35	898.67
			双层百页风口：Φ700		835				
			合计	42.58	847.03	1.33	3.38	4.35	
47	030901002001	离心式风机安装 $L=19301-62000m^3/h$ 车库排烟（排风）机 LWPF-I-12 $L=56450m^3/h$；$H=710Pa$；$n=960r/min$；$N=18.5kW$ 【工程内容】 (1)安装； (2)减振台座制作、安装； (3)设备支架制作、安装； (4)软管接口制作、安装； (5)支架台座除锈； (6)支架台座刷油	离心式风机安装：$L=19301\sim62000m^3/h$	614.31	88.35		47.3	60.82	13997.4
			车库排烟（排风）机：LWPF-I-12；$L=56450m^3/h$；$H=710Pa$；$n=960r/min$；$N=18.5kW$		12767				
			设备支架制作安装：CG32750kg 以下	135.54	198.17	14.23	11.53	14.83	
			手工除锈 一般钢结构 轻锈	6.15	1.11	4.24	0.8	1.03	
			一般钢结构 防锈漆第一遍	4.46	6.34	4.24	0.67	0.86	
			一般钢结构 防锈漆第二遍	4.29	5.42	4.24	0.66	0.84	
			合计	764.75	13066.39	26.93	60.96	78.38	

序号	项目编码	项目名称	工程内容	综合单价组成(元)					综合单价(元)
				人工费	材料费	机械使用费	管理费	利润	
48	030805007001	离心式通风机安装 L=19301~62000m³/h 车库送风机(暖风机) L=50000m³/h，Q=390kW，N=15kW 【工程内容】 (1)安装； (2)减振台座制作、安装； (3)设备支架制作、安装； (4)软管接口制作、安装； (5)支架台座除锈； (6)支架台座刷油	离心式通风机安装：L=19301~62000m³/h	614.31	88.35		47.3	60.82	54780.4
			车库暖风机：L=50000m³/h，Q=390kW，N=15kW		53550				
			设备支架制作安装：CG327,50kg以下	135.55	198.17	14.23	11.53	14.83	
			手工除锈	6.15	1.11	4.24	0.8	1.03	
			一般钢结构 防锈	4.29	5.42	4.24	0.66	0.84	
			合计	764.75	53849.39	26.94	60.96	78.37	
49	030805007002	吊装暖风机安装 QXN-10 L=10000m³/h，N=3kW，Q=77.5kW 热媒:80/60℃ 【工程内容】 (1)安装； (2)减振台座制作、安装； (3)设备支架制作、安装； (4)软管接口制作、安装； (5)支架台座除锈； (6)支架台座刷油	吊装暖风机：QXN-10，L=10000m³/h，N=3kW，Q=77.5kW；热媒:80/60℃		13600				
			吊架 制作	73.3	114.87	4.27	5.97	7.68	
			吊架 安装	28.38	4.07		2.19	2.81	
			手工除锈	3.69	0.67	2.54	0.48	0.62	
			一般钢结构 防锈1	2.67	3.81	2.54	0.4	0.52	
			一般钢结构 防锈2	2.58	3.25	2.54	0.4	0.51	
			合计	404.14	13756.65	11.88	32.03	41.19	
50	030805008001	热空气幕 RML/W-1X12/4，150~200kg以内；热空气幕 L3000V，L=2170~2650m³/h；加热水温 95/70℃；长度18m 【工程内容】 安装	热空气幕安装：RML/W-1X12/4，150~200kg以内	132.3	36.98		10.19	13.1	51192.5
			热空气幕：L3000V，L=2170~2650m³/h，加热水温95/70℃，长度18m		51000				
			合计	132.3	51036.98		10.19	13.1	
51	030901002003	电梯前室加压送风机 GXF-7C，L=25046m³/h，H=1325Pa，n=1450r/min 电梯前室加压送风机 GXF-7C，L=25046m³/h，H=1325Pa，n=1450r/min，N=15kW	离心式通风机安装：L=19301~62000m³/h	614.31	88.35		47.3	60.82	8710.4
			离心式风机安装：19301~62000m³/h	614.31	88.35		47.3	60.82	
			电梯前室加压送风机：GXF-7C，L=25046m³/h，H=1325Pa，n=1450r/min，N=15kW		7480				

序号	项目编码	项目名称	工程内容	综合单价组成（元）					综合单价（元）
				人工费	材料费	机械使用费	管理费	利润	
51	030901002003	【工程内容】 (1)安装； (2)减振台座制作、安装； (3)设备支架制作、安装； (4)软管接口制作、安装； (5)支架台座除锈； (6)支架台座刷油	设备支架制作安装：CG327,50kg以下	135.54	198.17	14.23	11.53	14.83	8710.4
			手工除锈	6.15	1.11	4.24	0.8	1.03	
			一般钢结构 防锈1	4.46	6.34	4.24	0.67	0.86	
			一般钢结构 防锈2	4.29	5.42	4.24	0.66	0.85	
			合计	764.75	7779.39	26.93	60.96	78.38	
52	030901002004	电梯前室加压送风机 GXF-8C,$L=30572\text{m}^3/$ h,$H=1292\text{Pa}$,$n=$ 1450r/min,$N=18.5$kW 【工程内容】 (1)安装； (2)减振台座制作、安装； (3)设备支架制作、安装； (4)软管接口制作、安装； (5)支架台座除锈； (6)支架台座刷油	离心式风机安装：19301～62000m^3/h	614.31	88.35		47.3	60.82	10835.4
			电梯前室加压风机：GXF-8C,$L=$30572m^3/h,$H=$1292Pa,$n=$1450/min,$N=18.5$kW		9605				
			设备支架制作安装：CG327,50kg以下	135.54	198.17	14.23	11.53	14.83	
			手工除锈	6.15	1.11	4.24	0.8	1.03	
			一般钢结构 防锈1	4.46	6.34	4.24	0.67	0.86	
			一般钢结构 防锈2	4.29	5.42	4.24	0.66	0.85	
			合计	764.75	9904.39	26.93	60.96	78.38	
53	030901002005	楼梯间加压送风机 GXF-10C,$L=46465\text{m}^3/$ h,$H=1142\text{Pa}$,$n=$ 1450r/min,$N=22$kW 【工程内容】 (1)安装； (2)减振台座制作、安装； (3)设备支架制作、安装； (4)软管接口制作、安装； (5)支架台座除锈； (6)支架台座刷油	离心式通风机安装：$L=19301～$62000m^3/h；楼梯间加压送风机：GXF-10C,支架CG327,50kg	614.31	88.35	14.23	47.3	60.82	13623.4
					12393				
				135.54	198.17		11.53	14.83	
			手工除锈	6.15	1.11	4.24	0.8	1.03	
			一般钢结构 防锈1	4.46	6.34	4.24	0.67	0.86	
			一般钢结构 防锈2	4.29	5.42	4.24	0.66	0.85	
			合计	764.75	12692.39	26.93	60.96	78.38	
54	030901002006	楼梯间加压送风机 GXF-11C,$L=55949\text{m}^3/$ h,$H=1158\text{Pa}$,$n=$ 1450r/min,$N=30$kW 【工程内容】 (1)安装； (2)减振台座制作、安装；	离心式通风机安装：$L=19301～$62000m^3/h	614.31	88.35		47.3	60.82	20253.4
			楼梯间加压送风机：GXF-11C		19023				
			设备支架制作安装：CG327,50kg以下	135.54	198.17	14.23	11.53	14.83	
			手工除锈 一般钢结构 轻锈	6.15	1.11	4.24	0.8	1.03	

序号	项目编码	项目名称	工程内容	综合单价组成(元)					综合单价(元)
				人工费	材料费	机械使用费	管理费	利润	
54	030901002006		(3)设备支架制作、安装 (4)软管接口制作、安装 (5)支架台座除锈； (6)支架台座刷油	一般钢结构 防锈漆 第一遍	4.46	6.34	4.24	0.67	0.86	20253.4
				一般钢结构 防锈漆 第二遍	4.29	5.42	4.24	0.66	0.85	
				合计	764.75	19322.38	26.93	60.96	78.38	
55	030901002007	前室正压送风机 GXF-7C, $L=25046m^3/h$, $H=1325Pa$, $n=1450r/min$, $N=15kW$ 【工程内容】 (1)安装； (2)减振台座制作、安装； (3)设备支架制作、安装； (4)软管接口制作、安装； (5)支架台座除锈； (6)支架台座刷油	离心式通风机安装：$L=19301\sim62000m^3/h$	614.31	88.35		47.3	60.82	8710.4
			前室正压送风机：GXF-7C		7480				
			设备支架制作安装：CG327,50kg以下	135.54	198.17	14.23	11.53	14.83	
			手工除锈	6.15	1.11	4.24	0.8	1.03	
			一般钢结构 防锈1	4.46	6.34	4.24	0.67	0.86	
			一般钢结构 防锈2	4.29	5.42	4.24	0.66	0.85	
			合计	764.75	7779.39	26.93	60.96	78.38	
56	030901002008	前室正压送风机 GXF-6C $L=18520m^3/h$, $H=1333Pa$, $n=2900r/min$, $N=11kW$ 【工程内容】 (1)安装； (2)减振台座制作、安装； (3)设备支架制作、安装； (4)软管接口制作、安装； (5)支架台座除锈； (6)支架台座刷油	离心式通风机安装：$L=7001\sim19300m^3/h$	293.53	29.99		22.6	29.06	6931.8
			前室正压送风机：GXF-6C, $L=18520m^3/h$, $n=2900r/min$, $N=11kW$		6137				
			设备支架制作安装：CG327,50kg以下	135.54	198.17	14.23	11.53	14.83	
			手工除锈	6.15	1.11	4.24	0.8	1.03	
			一般钢结构 防锈1	4.46	6.34	4.24	0.67	0.86	
			一般钢结构 防锈2	4.29	5.42	4.24	0.66	0.85	
			合计	443.97	6378.03	26.93	36.26	46.62	
57	030901002009	双速排风机 LWPF-Ⅱ-6,$L=17600/11650m^3/h$,$H=551/240Pa$,$n=1450/960r/min$,$N=5.5/4kW$ 【工程内容】 (1)安装； (2)减振台座制作、安装； (3)设备支架制作、安装； (4)软管接口制作、安装； (5)支架台座除锈； (6)支架台座刷油	离心式通风机风量：$L=7001\sim19300m^3/h$	293.53	29.99		22.6	29.06	6982.8
			双速排风机：LW-PF-Ⅱ-6, $L=17600/11650m^3/h$, $H=551/240Pa$,$n=1450/960r/min$, $N=5.5/4kW$		6188				
			设备支架制作安装：CG327,50kg以下	135.54	198.17	14.23	11.53	14.83	
			手工除锈	6.15	1.11	4.24	0.8	1.03	
			一般钢结构 防锈1	4.46	6.34	4.24	0.67	0.86	
			一般钢结构 防锈2	4.29	5.42	4.24	0.66	0.85	
			合计	443.97	6429.03	26.93	36.26	46.62	

序号	项目编码	项目名称	工程内容	综合单价组成(元)					综合单价(元)
				人工费	材料费	机械使用费	管理费	利润	
58	030901002010	送风导流器 L＝1600m³/h,N＝135W 机组噪声＝56DB(A) 【工程内容】 (1)安装; (2)减振台座制作、安装; (3)设备支架制作、安装; (4)软管接口制作、安装; (5)支架台座除锈; (6)支架台座刷油	小型诱导器安装:诱导风机	15.77	696.83		1.21	1.56	967.15
			设备支架制作安装:CG327,50kg以下	81.33	118.9	8.54	6.92	8.9	
			手工除锈	3.69	0.67	2.54	0.48	0.62	
			一般钢结构 防锈1	2.68	3.8	2.54	0.4	0.52	
			一般钢结构 防锈2	2.57	3.25	2.54	0.39	0.51	
			合计	106.03	823.45	16.16	9.41	12.1	
59	030901002011	外摆式方接口管道风机 LS30-15,L＝200m³/h,H＝330Pa,n＝2550r/min,N＝60W 【工程内容】 (1)安装; (2)减振台座制作、安装; (3)设备支架制作、安装; (4)软管接口制作、安装; (5)支架台座除锈; (6)支架台座刷油	离心式通风机安装:L＝4500m³/h以下	33.53	14.11		2.58	3.32	2429.24
			外摆式方接口管道风机:LS30-15		2040				
			设备支架制作安装:CG327,50kg以下	108.44	158.54	11.38	9.23	11.86	
			手工除锈	4.92	0.89	3.39	0.64	0.82	
			一般钢结构 防锈1	3.57	5.07	3.39	0.54	0.69	
			一般钢结构 防锈2	3.43	4.33	3.39	0.53	0.68	
			合计	153.88	2222.94	21.54	13.51	17.37	
60	030901002012	外摆式方接口管道风机 LS40-20L,L＝600m³/h,H＝390Pa,n＝2650r/min 外摆式方接口管道风机 LS40-20L,L＝600m³/h,H＝390Pa,n＝2650r/min,N＝135W 【工程内容】 (1)安装; (2)减振台座制作、安装; (3)设备支架制作、安装; (4)软管接口制作、安装; (5)支架台座除锈; (6)支架台座刷油	离心式通风机安装:风量在4500m³/h以下	33.53	14.11		2.58	3.32	2684.24
			离心式通风机安装:风量在4500m³/h以下	33.53	14.11		2.58	3.32	
			外摆式方接口管道风机:LS40-20L		2295				
			设备支架制作安装:CG327,50kg以下	108.44	158.54	11.38	9.23	11.86	
			手工除锈	4.92	0.89	3.39	0.64	0.82	
			一般钢结构 防锈1	3.57	5.07	3.39	0.54	0.69	
			一般钢结构 防锈2	3.43	4.33	3.39	0.53	0.67	
			合计	153.88	2477.94	21.54	13.51	17.37	

序号	项目编码	项目名称	工程内容	综合单价组成(元)					综合单价(元)
				人工费	材料费	机械使用费	管理费	利润	
61	030901002013	轴流风机 LAW-200E2,L=2500m³/h,n=1400r/min,N=0.09kW【工程内容】(1)安装;(2)减振台座制作、安装;(3)设备支架制作、安装;(4)软管接口制作、安装;(5)支架台座除锈;(6)支架台座刷油	轴流式通风机安装:L = 8900m³/h 以下	59.1	1.63		4.55	5.85	1408.75
			轴流风:LAW-200E2,L=2500m³/h,n = 1400r/min,N=0.09kW		918				
			设备支架制作安装:CG327,50kg以下	135.54	198.17	14.23	11.53	14.83	
			手工除锈	6.15	1.11	4.24	0.8	1.03	
			一般钢结构 防锈1	4.46	6.34	4.24	0.67	0.86	
			一般钢结构 防锈2	4.29	5.42	4.24	0.66	0.85	
			合计	209.54	1130.66	26.93	18.21	23.41	
62	030901002014	走廊排烟风机 GYF-6I,L=12725m³/h,H=898Pa,n = 2900r/min,N=5.5kW【工程内容】(1)安装;(2)减振台座制作、安装;(3)设备支架制作、安装;(4)软管接口制作、安装;(5)支架台座除锈;(6)支架台座刷油	离心式通风机安装:7001~19300m³/h	293.53	29.99		22.6	29.06	4483.8
			走廊排烟风机:GYF-6I		3689				
			设备支架制作安装:CG327,50kg以下	135.54	198.17	14.23	11.53	14.83	
			手工除锈	6.15	1.11	4.24	0.8	1.03	
			一般钢结构 防锈1	4.46	6.34	4.24	0.67	0.86	
			一般钢结构 防锈2	4.29	5.42	4.24	0.66	0.85	
			合计	443.97	3930.03	26.93	36.26	46.62	
63	030904001001	通风工程检测、调试	系统调试费	1400.74	4202.22		107.86	138.67	5849.49
			合计	1400.74	4202.22		107.86	138.67	
64	030902001006	矩形风管 周长在2000mm以下【项目特征】材质:镀锌钢板,形状:矩形,板材厚度:1.2mm【工程内容】(1)风管、管件、法兰、零件、支吊架制作、安装;(2)过跨风管落地支架制作、安装;(3)风管检查孔制作;(4)风管、法兰、法兰加固框、支吊架、保护层除锈、刷油	镀锌薄钢板矩形风管:制作安装(δ=1.2mm 以内咬口),周长在2000mm以下	26.16	106.69	1.96	2.17	2.78	143.29
			手工除锈 一般钢结	0.48	0.09	0.33	0.06	0.08	
			一般钢结构 防锈漆1	0.35	0.49	0.33	0.05	0.07	
			一般钢结构 防锈漆2	0.33	0.42	0.33	0.05	0.07	
			合计	27.32	107.69	2.95	2.33	3	

序号	项目编码	项目名称	工程内容	综合单价组成(元)					综合单价(元)
				人工费	材料费	机械使用费	管理费	利润	
65	030902001007	矩形风管 周长在4000mm以下 【项目特征】材质:镀锌钢板;形状:矩形;周长:4000mm以下;板材厚度:1.2mm 【工程内容】(1)风管、管件、法兰、零件、支吊架制作、安装;(2)过跨风管落地支架制作、安装;(3)风管检查孔制作;(4)风管、法兰、法兰加固框、支吊架、保护层除锈、刷油	镀锌薄钢板矩形风管制作安装:δ=1.2mm以内咬口;周长在4000mm以下	19.66	102.85	1.08	1.6	2.05	130.67
			手工除锈	0.46	0.08	0.32	0.06	0.08	
			一般钢结构 防锈1	0.34	0.48	0.32	0.05	0.07	
			一般钢结构 防锈2	0.32	0.41	0.32	0.05	0.06	
			合计	20.79	103.82	2.04	1.76	2.26	
66	030902001009	圆形风管 直径在500mm以下 【项目特征】材质:镀锌钢板;形状:矩形;直径:500mm以下;板材厚度:1.2mm 【工程内容】(1)风管、管件、法兰、支吊架制作、安装;(2)过跨风管落地支架制作、安装;(3)风管检查孔制作;(4)风管、法兰、法兰加固框、支吊架、保护层除锈、刷油	镀锌薄钢板圆形风管制作安装(δ=1.2mm以内咬口);直径在500mm以下	35.42	103.12	2.24	2.9	3.73	150.76
			手工除锈	0.46	0.08	0.31	0.06	0.08	
			一般钢结构 防锈1	0.33	0.47	0.31	0.05	0.06	
			一般钢结构 防锈2	0.32	0.4	0.31	0.05	0.06	
			合计	36.53	104.07	3.18	3.06	3.93	
67	030902001011	钢板圆形风管 直径在1120mm以下 【项目特征】材质:镀锌钢板;形状:矩形;直径:1120mm以下;板材厚度:1.2mm 【工程内容】(1)风管、管件、法兰、支吊架安装;(2)过跨风管落地支架制作、安装;(3)风管检查孔制作;(4)风管、法兰、法兰加固框、支吊架、保护层除锈、刷油	镀锌薄钢板圆形风管制作安装(δ=1.2mm以内咬口);直径在1120mm以下	26.52	103.71	1.1	2.13	2.73	139.75
			手工除锈	0.48	0.09	0.33	0.06	0.08	
			一般钢结构 防锈漆1	0.35	0.5	0.33	0.05	0.07	
			一般钢结构 防锈漆2	0.34	0.42	0.33	0.05	0.07	
			合计	27.69	104.72	2.1	2.29	2.95	
68	030902008002	软管接口 【工程内容】(1)安装;(2)风管接头安装	软管接口制作安装	81.14	144.02	2.08	6.41	8.24	241.89
			合计	81.14	144.02	2.08	6.41	8.24	

序号	项目编码	项目名称	工程内容	综合单价组成（元）					综合单价（元）
				人工费	材料费	机械使用费	管理费	利润	
69	030901002016	过滤吸收器 $L=1000m^3/h$ 【工程内容】安装	高效过滤器安装	19.7			1.52	1.95	6023.17
			过滤吸收器：$L=1000m^3/h$		6000				
			合计	19.7	6000		1.52	1.95	
70	030901002017	电动手摇两用风机 $L=500\sim1000m^3/h$，$H=120\sim60mmH_2O$，$n=2800r/min$，$N=0.75kW$	离心式通风机安装：$L=4500m^3/h$以下	33.53	14.11		2.58	3.32	3619.24
			电动手摇两用风机：$L=500\sim1000m^3/h$，$H=120\sim60mmH_2O$，$n=2800r/min$，$N=0.75kW$		3230				
			设备支架制作安装：CG327,50kg以下	108.44	158.54	11.38	9.23	11.86	
			手工除锈 一般钢结构 轻锈	4.92	0.89	3.39	0.64	0.82	
			一般钢结构 防锈漆1	3.57	5.07	3.39	0.54	0.69	
			一般钢结构 防锈漆2	3.43	4.33	3.39	0.53	0.68	
			合计	153.88	3412.94	21.54	13.51	17.37	
71	030901002018	清洁送风机 $L=12140m^3/h$，$H=450Pa$，$n=960r/min$，$N=2.2kW$ 【工程内容】(1)安装；(2)减振台座制作、安装；(3)设备支架制作、安装；(4)支架台座刷油	离心式通风机安装：$L=7001\sim19300m^3/h$	293.53	29.99		22.6	29.06	4704.8
			清洁送风机：$L=12140m^3/h$，$H=450Pa$，$n=960r/min$，$N=2.2kW$		3910				
			设备支架制作安装：CG327,50kg以下	135.54	198.17	14.23	11.53	14.83	
			手工除锈 一般钢结构 轻锈	6.15	1.11	4.24	0.8	1.03	
			一般钢结构 防锈漆1	4.46	6.34	4.24	0.67	0.86	
			一般钢结构 防锈漆2	4.29	5.42	4.24	0.66	0.85	
			合计	443.97	4151.02	26.93	36.26	46.62	
72	030903001018	自动排气活门安装 $L=120\sim500m^3/h$ YF $\Phi200$	碳钢对开多页调节阀：周长在2800mm以内	17.76	12.76		1.37	1.76	509.65
			自动排气活：YF，$\Phi200$，$L=120\sim500m^3/h$		476				
			合计	17.76	488.76		1.37	1.76	

序号	项目编码	项目名称	工程内容	综合单价组成(元)					综合单价(元)
				人工费	材料费	机械使用费	管理费	利润	
73	030901002019	旱厕排风机 SJG-4F，$L=2000\text{m}^3/\text{h}$，$H=400\text{Pa}$，$n=1450\text{r/min}$，$N=0.75\text{kW}$ 【工程内容】 (1)安装； (2)减振台座制作、安装； (3)设备支架制作、安装； (4)支架台座刷油	离心式通风机安装：$L=4500\text{m}^3/\text{h}$以下	33.53	14.11		2.58	3.32	2173.16
			旱厕排风机：SJG-4F，$L=2000\text{m}^3/\text{h}$，$H=400\text{Pa}$，$n=1450\text{r/min}$，$N=0.75\text{kW}$		1700				
			设备支架制作安装：CG327,50kg以下	135.54	198.17	14.23	11.53	14.83	
			手工除锈	6.15	1.11	4.24	0.8	1.03	
			一般钢结构 防锈漆1	4.46	6.34	4.24	0.67	0.86	
			一般钢结构 防锈漆2	4.29	5.42	4.24	0.66	0.85	
			合计	183.97	1925.14	26.93	16.24	20.88	
74	030903001019	风道止回阀安装 Φ400	碳钢圆、方形风管止回阀：周长在2000mm以内	16.92	12.36		1.3	1.68	256.26
			风道止回阀：Φ400		224				
			合计	16.92	236.36		1.3	1.68	
75	030903011021	铝合金双层百页风口安装 450×200	铝及铝合金百页风口：周长在4000mm以内	42.58	12.03	1.33	3.38	4.35	119.67
			铝合金双层百页风口：450mm×200mm		56				
			合计	42.58	68.03	1.33	3.38	4.35	
76	030903011022	铝合金蛋格式风口安装 200mm×200mm	铝及铝合金网式风口：周长在4000mm以内	23.64	2.8	1.91	1.97	2.53	66.85
			铝合金蛋格式风口：200mm×200mm		34				
			合计	23.64	36.8	1.91	1.97	2.53	
77	030901003001	LWP型油网滤尘器 5块1组	除尘设备：500kg以下	243.93	4.13	5.11	19.18	24.66	5057
			LWP型油网滤尘器：5块1组		4760				
			合计	243.93	4764.13	5.11	19.18	24.66	
78	030903001014	手动密闭阀安装 D50J-0.5 Dg320	碳钢对开多页调节阀：周长在2800mm以内	17.76	12.76		1.37	1.76	934.65
			手动密闭阀：D50J-0.5,Dg320		901				
			合计	17.76	913.76		1.37	1.76	

序号	项目编码	项目名称	工程内容	综合单价组成(元)					综合单价(元)
				人工费	材料费	机械使用费	管理费	利润	
79	030903001013	手动密闭阀安装 D50J-0.5 Dg500	碳钢对开多页调节阀:周长在2800mm以内	17.76	12.76		1.37	1.76	1563.65
			手动密闭阀:D50J-0.5		1530				
			合计	17.76	1542.76		1.37	1.76	
80	030903001015	手动密闭阀安装 D50J-0.5 Dg600	碳钢对开多页调节阀:周长在2800mm以内	17.76	12.76		1.37	1.76	2073.65
			手动密闭阀:D50J-0.5		2040				
			合计	17.76	2052.76		1.37	1.76	
81	030903001016	手动密闭阀安装 D50J-0.5 Dg650	碳钢对开多页调节阀:周长在2800mm以内	17.76	12.76		1.37	1.76	2073.65
			手动密闭阀:D50J-0.5		2040				
			合计	17.76	2052.76		1.37	1.76	
82	030903001017	风道调节阀安装Φ600	碳钢对开多页调节阀:周长在2800mm以内	17.76	12.76		1.37	1.76	499.65
			风道调节阀:Φ600		466				
			合计	17.76	478.76		1.37	1.76	
83	030903001023	风道调节阀安装Φ650	碳钢对开多页调节阀:周长在2800mm以内	17.76	12.76		1.37	1.76	581.65
			风道调节阀:Φ650		548				
			合计	17.76	560.76		1.37	1.76	

三、通风工程量清单计价表

通风工程量清单计价表主要包括项目编码、项目名称、计量单位、工程数量、综合单价和合计价格,它是对表3-5的总结。本例通风工程量清单计价表填写内容详见表3-6。

通风工程量清单计价表

表3-6

项目名称:某公寓通风工程

序号	项目编码	项目名称	计量单位	工程数量	金额(元)	
					综合单价	合价
1	030902006001	无机复合通风圆形管道 直径在1120mm以下 【项目特征】 材质:无机复合风管; 形状:圆形; 板材厚度:夹保温隔热层 【工程内容】 (1)风管、管件、法兰、零件、支吊架制作、安装; (2)弯头导流叶片制作、安装; (3)过跨风管落地支架制作、安装; (4)风管检查孔制作; (5)温度、风量测定孔制作; (6)风管、法兰、法兰加固框、支吊架、保护层除锈、刷油	m²	219.11	96.35	21110.37

序号	项目编码	项目名称	计量单位	工程数量	综合单价	合价
					金额(元)	
2	030902006002	无机复合通风矩形管道 周长在2000mm以下 【项目特征】 材质:无机复合风管; 形状:矩形; 板材厚度:夹保温隔热层 【工程内容】 (1)风管、管件、法兰、零件、支吊架制作、安装; (2)弯头导流叶片制作、安装; (3)过跨风管落地支架制作、安装; (4)风管检查孔制作; (5)温度、风量测定孔制作; (6)风管、法兰、法兰加固框、支吊架、保护层除锈、刷油	m²	317.03	98.18	31126.32
3	030902006003	无机复合通风矩形管道 周长在4000mm以下 【项目特征】 材质:无机复合风管; 形状:矩形; 板材厚度:夹保温隔热层 【工程内容】 (1)风管、管件、法兰、零件、支吊架制作、安装; (2)弯头导流叶片制作、安装; (3)过跨风管落地支架制作、安装; (4)风管检查孔制作; (5)温度、风量测定孔制作; (6)风管、法兰、法兰加固框、支吊架、保护层除锈、刷油	m²	1737.16	90.76	157659.43
4	030902006004	无机复合通风矩形管道 周长在4000mm以上 【项目特征】 材质:无机复合风管; 形状:矩形; 板材厚度:夹保温隔热层 【工程内容】 (1)风管、管件、法兰、零件、支吊架制作、安装; (2)弯头导流叶片制作、安装; (3)过跨风管落地支架制作、安装; (4)风管检查孔制作; (5)温度、风量测定孔制作; (6)风管、法兰、法兰加固框、支吊架、保护层除锈、刷油	m²	303.52	94.09	28559.71
5	030902008001	柔性软风管	m	42	39.88	1674.96
		小计				240130.79
6	030903001002	电动风阀安装 1000mm×1000mm	个	2	852.1	1704.2
7	030903001003	电动风阀安装 1500mm×1200mm	个	3	1439.1	4317.3
8	030903001004	防烟防火阀(70℃关)安装 300mm×150mm	个	2	265.07	530.14
9	030903001008	防烟防火阀(70℃关)安装 400mm×200mm	个	12	303.07	3636.84
10	030903001006	防烟防火阀(70℃关)安装 400mm×200mm	个	3	303.07	909.21
11	030903001020	防烟防火阀(280℃关)安装 Φ1200	个	6	792.1	4752.6
12	030903001021	防烟防火阀(280℃关)安装 Φ600	个	2	526.07	1052.14
13	030903001009	碳钢风道止回阀安装 300mm×150mm	个	4	162.06	648.24

序号	项目编码	项目名称	计量单位	工程数量	金额（元） 综合单价	金额（元） 合价
14	030903001010	碳钢风道止回阀安装 400mm×200mm	个	12	199.06	2388.72
15	030903001011	碳钢风道止回阀安装 Φ600	个	2	382.26	764.52
16	030903001012	碳钢风道止回阀安装 Φ1200	个	6	1595.97	9575.82
17	030903011001	铝合金蛋格式风口安装 150mm×150mm	个	8	56.85	454.8
18	030903011002	铝合金蛋格式风口安装 200mm×200mm	个	6	66.85	401.1
19	030903011003	铝合金蛋格式风口安装 250mm×200mm	个	4	73.85	295.4
20	030903011004	铝合金蛋格式风口安装 500mm×500mm	个	2	177.85	355.7
21	030903011005	铝合金蛋格式风口安装 1800mm×800mm	个	6	747.11	4482.66
22	030903011023	铝合金蛋格式风口安装 200mm×150mm	个	26	62.85	1634.1
23	030903011006	多页排烟口安装 500mm×500mm(＋250)mm	个	5	682.65	3413.25
24	030903011007	多页排烟口安装 500mm×800mm(＋250)mm	个	4	813.65	3254.6
25	030903011008	多页送风口安装 630mm×500mm(＋250)mm	个	54	769.65	41561.1
26	030903011009	多页送风口安装 500mm×1000mm(＋250)mm	个	58	906.21	52560.18
27	030903011010	多页送风口安装 630mm×1000mm(＋250)mm	个	66	1025.21	67663.86
28	030903011011	铝合金防火排风口安装 500mm×400mm	个	5	476.67	2383.35
29	030903011012	铝合金防火排风口安装 500mm×630mm	个	4	571.67	2286.68
30	030903011013	铝合金防雨百页风口安装 Φ600	个	2	284.67	569.34
31	030903011014	铝合金防雨百页风口安装 Φ700	个	2	347.67	695.34
32	030903011015	铝合金防雨百页风口安装 Φ1000	个	2	575.67	1151.34
33	030903011016	铝合金防雨百页风口安装 500mm×600mm	个	2	211.67	423.34
34	030903011017	铝合金防雨百页风口安装 1400mm×1000mm	个	2	675.91	1351.82
35	030903011018	铝合金防雨百页风口安装 1200mm×2000(H)mm	个	1	1089.47	1089.47
36	030903011019	铝合金防雨百页风口安装 2000mm×3600(H)mm	个	2	3061.34	6122.68
37	030903011020	铝合金防雨百页风口安装 2500mm×3600(H)mm	个	1	3736.34	3736.34
		小计				226166.18
38	030903011024	双层百页风口安装 1000mm×500mm	个	21	1148.67	24122.07
39	030903011025	双层百页风口安装 500mm×500mm	个	68	737.67	50161.56
40	030903011026	双层百页风口安装 1200mm×400mm	个	22	370.67	8154.74
41	030903011027	双层百页风口安装 1600mm×400mm	个	16	1731.67	27706.72
42	030903011028	双层百页风口安装 600mm×500mm	个	3	646.67	1940.01
43	030903011029	双层百页风口安装 400mm×500mm	个	4	500.67	2002.68
44	030903011030	双层百页风口安装 400mm×400mm	个	10	469.67	4696.7
45	030903011031	双层百页风口安装 Φ800	个	2	1431.67	2863.34
46	030903011032	双层百页风口安装 Φ700	个	2	898.67	1797.34
		小计				123445.16

序号	项目编码	项目名称	计量单位	工程数量	综合单价	合价
					金额(元)	
47	030901002001	车库排烟(排风)机 LWPF-I-12,$L=56450\text{m}^3/\text{h}$,$H=710\text{Pa}$,$n=960\text{r/min}$,$N=18.5\text{kW}$ 【工程内容】 (1)安装; (2)减振台座制作、安装; (3)设备支架制作、安装; (4)软管接口制作、安装; (5)支架台座除锈; (6)支架台座刷油	台	6	13997.4	83984.4
48	030805007001	车库送风机(暖风机),$L=50000\text{m}^3/\text{h}$,$Q=390\text{kW}$,$N=15\text{kW}$ 【工程内容】 安装	台	3	54780.4	164341.21
49	030805007002	吊装暖风机 QXN-10,$L=10000\text{m}^3/\text{h}$,$N=3\text{kW}$,$Q=77.5\text{kW}$ 热媒:80/60℃ 【工程内容】 安装	台	2	14245.89	28491.78
50	030805008001	热空气幕 L3000V,$L=2170\sim2650\text{m}^3/\text{h}$,加热水温95/70℃,长度18m 【工程内容】 安装	台	8	51192.56	409540.48
51	030901002003	电梯前室加压送风机 GXF-7C,$L=25046\text{m}^3/\text{h}$,$H=1325\text{Pa}$,$N=1450\text{r/min}$,$N=15\text{kW}$ 【工程内容】 (1)安装; (2)减振台座制作、安装; (3)设备支架制作、安装; (4)软管接口制作、安装; (5)支架台座除锈; (6)支架台座刷油	台	2	8710.4	17420.8
52	030901002004	电梯前室加压送风机 GXF-8C,$L=30572\text{m}^3/\text{h}$,$H=1292\text{Pa}$,$n=1450\text{r/min}$,$N=18.5\text{kW}$ 【工程内容】 (1)安装; (2)减振台座制作、安装; (3)设备支架制作、安装; (4)软管接口制作、安装; (5)支架台座除锈; (6)支架台座刷油	台	2	10835.4	21670.8
53	030901002005	楼梯间加压送风机 GXF-10C,$L=46465\text{m}^3/\text{h}$,$H=1158\text{Pa}$	台	2	13623.4	27246.8
		小计				876141.43
54	030901002006	楼梯间加压送风机 GXF-11C,$L=55949\text{m}^3/\text{h}$,$H=1158\text{Pa}$,$n=1450\text{r/min}$,$N=30\text{kW}$ 【工程内容】 (1)安装; (2)减振台座制作、安装; (3)设备支架制作、安装; (4)软管接口制作、安装; (5)支架台座除锈; (6)支架台座刷油	台	2	20253.4	40506.8

序号	项目编码	项目名称	计量单位	工程数量	金额(元)	
					综合单价	合价
55	030901002007	前室正压送风机 GXF-7C,$L=25046\text{m}^3/\text{h}$,$H=1325\text{Pa}$,$n=1450\text{r/min}$,$N=15\text{kW}$ 【工程内容】 (1)安装; (2)减振台座制作、安装; (3)设备支架制作、安装; (4)软管接口制作、安装; (5)支架台座除锈; (6)支架台座刷油	台	2	8710.4	17420.8
56	030901002008	前室正压送风机 GXF-6C,$L=18520\text{m}^3/\text{h}$,$H=1333\text{Pa}$,$n=2900\text{r/min}$,$N=11\text{kW}$ 【工程内容】 (1)安装; (2)减振台座制作、安装; (3)设备支架制作、安装; (4)软管接口制作、安装; (5)支架台座除锈; (6)支架台座刷油	台	2	6931.8	13863.6
57	030901002009	双速排风机 LWPF-Ⅱ-6,$N=5.5/4\text{kW}$,$L=17600/11650\text{m}^3/\text{h}$,$H=551/240\text{Pa}$,$n=1450/960\text{r/min}$ 【工程内容】 (1)安装; (2)减振台座制作、安装; (3)设备支架制作、安装; (4)软管接口制作、安装; (5)支架台座除锈; (6)支架台座刷油	台	2	6982.8	13965.6
58	030901002010	送风导流器 $L=1600\text{m}^3/\text{h}$,$N=135\text{W}$,机组噪声=56DB(A) 【工程内容】 (1)安装; (2)减振台座制作、安装; (3)设备支架制作、安装; (4)软管接口制作、安装; (5)支架台座除锈; (6)支架台座刷油	台	68	967.15	65766.33
59	030901002012	外摆式方接口管道风机 LS30-15,$L=250\text{m}^3/\text{h}$,$H=330\text{Pa}$,$n=2550\text{r/min}$,$N=60\text{W}$ 【工程内容】 (1)安装; (2)减振台座制作、安装; (3)设备支架制作、安装; (4)软管接口制作、安装; (5)支架台座除锈; (6)支架台座刷油	台	4	2684.24	32210.82
60	030901002013	轴流风机 LAW-200E2,$L=2500\text{m}^3/\text{h}$,$N=0.09\text{kW}$,$n=1400\text{r/min}$ 【工程内容】 (1)安装; (2)减振台座制作、安装; (3)设备支架制作、安装; (4)软管接口制作、安装; (5)支架台座除锈; (6)支架台座刷油	台	2	1408.75	2817.5

序号	项目编码	项目名称	计量单位	工程数量	金额(元)	
					综合单价	合价
61	030901002014	走廊排烟风机 GYF-6I,$L=12725\text{m}^3/\text{h}$,$H=898\text{Pa}$,$n=2900\text{r/min}$,$N=5.5\text{kW}$ 【工程内容】 (1)安装； (2)减振台座制作、安装； (3)设备支架制作、安装； (4)软管接口制作、安装； (5)支架台座除锈； (6)支架台座刷油	台	2	4483.8	8967.6
62	030904001001	通风工程检测、调试	系统	1	5849.49	5849.49
63	030902001006	镀锌薄钢板矩形风管 周长在 2000mm 以下 【项目特征】 材质:镀锌钢板； 形状:矩形； 周长:2000mm 以下； 板材厚度:1.2mm； 除锈、刷油、防腐、绝热及保护层设计要求:除轻锈、刷红丹防锈漆两遍 【工程内容】 (1)风管、管件、法兰、零件、支吊架制作、安装； (2)过跨风管落地支架制作、安装； (3)风管检查孔制作； (4)风管、法兰、法兰加固框、支吊架、保护层除锈、刷油	m²	293.14	143.29	42003.36
64	030902001007	镀锌薄钢板矩形风管 周长在 4000mm 以下 【项目特征】 材质:镀锌钢板； 形状:矩形； 周长:4000 以下； 板材厚度:1.2mm； 除锈、刷油、防腐、绝热及保护层设计要求:除轻锈、刷红丹防锈漆两遍 【工程内容】 (1)风管、管件、法兰、零件、支吊架制作、安装； (2)过跨风管落地支架制作、安装； (3)风管检查孔制作； (4)风管、法兰、法兰加固框、支吊架、保护层除锈、刷油	m²	427.42	130.67	55851.85
65	030902001009	钢板圆形风管 直径在 500mm 以下 【项目特征】 材质:镀锌钢板； 形状:圆形； 直径:500mm 以下； 板材厚度:1.2mm； 除锈、刷油、防腐、绝热及保护层设计要求:除轻锈、刷红丹防锈漆两遍 【工程内容】 (1)风管、管件、法兰、零件、支吊架制作、安装； (2)过跨风管落地支架制作、安装； (3)风管检查孔制作； (4)风管、法兰、法兰加固框、支吊架、保护层除锈、刷油	m²	61.01	150.76	9198.06

序号	项目编码	项目名称	计量单位	工程数量	金额(元)	
					综合单价	合价
66	030902001011	钢板圆形风管 直径在1120mm以下 【项目特征】 材质:镀锌钢板; 形状:圆形; 直径:1120mm以下; 板材厚度:1.2mm; 除锈、刷油、防腐、绝热及保护层设计要求:除轻锈、刷红丹防锈漆两遍 【工程内容】 (1)风管、管件、法兰、零件、支吊架制作、安装; (2)过跨风管落地支架制作、安装; (3)风管检查孔制作; (4)风管、法兰、法兰加固框、支吊架、保护层除锈、刷油	m²	105.26	139.75	14710.02
67	030902008002	软管接口 【工程内容】 (1)安装; (2)风管接头安装	m	6	241.89	1451.34
68	030901002016	过滤吸收器 额定过滤风量=1000m³/h 【工程内容】 安装	台	8	6023.17	48185.36
69	030901002017	电动手摇两用风机 $L=500\sim1000$m³/h,$H=120\sim60$mmH₂O,$n=2800$r/min,$N=0.75$kW 【工程内容】 (1)安装; (2)减振台座制作、安装; (3)支架台座刷油	台	8	3619.24	28953.9
70	030901002018	清洁送风机 $L=12140$m³/h,$H=450$Pa,$n=960$r/min,$N=2.2$kW 【工程内容】 (1)安装; (2)减振台座制作、安装; (3)设备支架制作、安装; (4)支架台座刷油	台	2	4704.8	9409.6
71	030903001018	自动排气活门安装 $L=120\sim500$m³/h,YF Φ200	个	16	509.65	8154.4
72	030901002019	旱厕排风机 SJG-4F,$L=2000$m³/h,$H=400$Pa,$n=1450$r/min,$N=0.75$kW 【工程内容】 (1)安装; (2)减振台座制作、安装; (3)设备支架制作、安装; (4)支架台座刷油	台	4	2173.16	8692.64
73	030903001019	风道止回阀安装 Φ400	个	4	256.26	1025.04
74	030903011021	铝合金双层百页风口安装 450mm×200mm	个	40	119.67	4786.8
75	030903011022	铝合金蛋格式风口安装 200mm×200mm	个	29	66.85	1938.65
76	030901003001	LWP型油网滤尘器 5块1组	台	2	5057	10114
77	030903001014	手动密闭阀安装 D50J-0.5 Dg320	个	2	934.65	1869.3
78	030903001013	手动密闭阀安装 D50J-0.5 Dg500	个	6	1563.65	9381.9

序号	项目编码	项目名称	计量单位	工程数量	综合单价	合价
					金额(元)	
79	030903001015	手动密闭阀安装 D50J-0.5 Dg600	个	1	2073.65	2073.65
80	030903001016	手动密闭阀安装 D50J-0.5 Dg650	个	2	2073.65	4147.3
81	030903001017	风道调节阀安装 Φ600	个	1	499.65	499.65
82	030903001023	风道调节阀安装 Φ650	个	1	581.65	581.65
		合计				1816552.36

四、措施项目费分析表

本例中通风工程措施项目包括安全文明施工措施、夜间施工、二次搬运、已完工程及设备保护、冬雨期施工、脚手架搭拆、高层建筑、检验测验和其他措施项目。而其中每一项措施都由人工费、材料费、机械使用费、管理费和利润构成，取费率均按照行业工种标准执行。措施项目费分析表内容详见表3-7。

措施项目费分析表 表3-7

序号	措施项目名称	单位	数量	人工费	材料费	机械使用费	管理费	利润	小计
				金额(元)					
一	施工组织措施项目费			21966.14	9402.76	8105.67	2193.04	2193.04	43860.65
1	安全文明施工措施费	项	1	1937.56	1937.56	484.39	242.2	242.2	4843.91
2	夜间施工增加费	项	1	1040.45	416.18	416.18	104.04	104.04	2080.89
3	二次搬运费	项	1	2497.07	156.07	156.07	156.07	156.07	3121.35
4	已完工程设备保护费	项	1	2080.89	130.06	130.06	130.06	130.06	2601.13
5	冬雨期施工费	项	1	3641.56	520.22	520.22	260.11	260.11	5202.22
6	脚手架搭拆费	项	1	780.34	1248.54	780.34	156.07	156.07	3121.36
7	高层建筑增加费	项	1	4161.78	2080.89	3121.34	520.22	520.22	10404.45
8	检验测验费	项	1	1664.71	1248.53	832.36	208.09	208.09	4161.78
9	其他措施项目费	项	1	4161.78	1664.71	1664.71	416.18	416.18	8323.56
	合计			21966.14	9402.76	8105.67	2193.04	2193.04	43860.65

五、措施项目清单计价表

编制措施项目清单计价表就是对措施项目费分析表内容的总结。本例中通风工程措施项目清单计价表内容详见表3-8。

通风工程措施项目清单计价表 表3-8

序号	项目名称	金额(元)	序号	项目名称	金额(元)
一	施工组织措施项目	43860.65	5	冬雨期施工费	5202.22
1	安全文明施工措施费	4843.91	6	脚手架搭拆费	3121.36
2	夜间施工增加费	2080.89	7	高层建筑增加费	10404.45
3	二次搬运费	3121.35	8	检验测验费	4161.78
4	已完工程及设备保护费	2601.13	9	其他措施项目费	8323.56
				合计	43860.65

六、通风工程费汇总表

本例中通风工程（分部分项工程）费汇总表内容包括：工程量清单计价合计、措施项目清单计价合计、税费、前工程造价合计、规费和税金，详细内容见表3-9。总价合计金额为1930470.2元，作为该分部分项工程（通风工程）的投标价格。

通风工程费用汇总表　　　　　　表3-9

序　　号	项 目 名 称	金额（元）	
1	分部分项工程量清单计价合计	1816552.36	
	其中人工费＋机械费	110088.83	
2	措施项目清单计价合计	43860.65	
3	其他项目清单计价合计	0	
4	税费前工程造价合计	1860413.01	
5	规费	5767.28	
	危险作业意外伤害保险	3720.83	
	工程定额测定费	2046.45	
6	税金	64289.91	
	合计	1930470.2	

七、机电工程的投标报价

本节前面已经介绍了本例的机电工程作为单位工程分解为多个分部分项工程。每个分部分项工程的工程预算方法都与通风工程相同，则本例机电工程总的投标价格即为每个分部分项工程投标价格的总和，详见表3-10，投标总价为18285683.00元。

机电工程（单项工程）费汇总表　　　　　　表3-10

序号	分部分项工程名称	金额（元）	序号	分部分项工程名称	金额（元）
1	采暖地热工程	3462148.78	5	生活水泵房工程	167577.68
2	群楼采暖工程	1524761.12	6	通风工程	1930470.20
3	换热站工程	950622.96	7	动力电工程	8547361.35
4	给排水工程	1177504.64	8	水泵配电工程	167577.68
				总价	18285683.00

参 考 文 献

[1] 北京市建设委员会. 全国统一市政工程预算定额. 北京：中国计划出版社，2002.
[2] 罗长青. 电力工程建设造价、计价与工程量清单编制及投标报价实用手册. 北京：中国水利水电出版社，2002.

第四章 建筑设备工程流水施工组织

建筑设备工程施工组织方式直接影响施工工期和施工成本。在编制施工进度计划、劳动力使用计划、机具使用计划、资源安排计划以及资金使用计划之前，必须确定施工组织方式。本章重点讲述流水施工组织方式和应用方法，并给出实际应用案例。

第一节 流水施工组织方式

由于建筑设备工程施工项目产品及其施工的特点不同，所采用的施工组织方式也不同。将一个施工项目分成若干个施工区段进行施工时，通常有 3 种施工作业方式，其中流水施工组织方式被广泛应用于实际工作中。

一、施工组织方式分类

1. 依次施工组织方式

依次施工组织方式是将整体施工项目的施工过程分解成多个，前一个施工过程完成后，开始进行后一个施工过程。它是一种最基本、最原始的施工组织方式。显然，依次施工组织方式没有充分利用工作面，工期长、劳动生产率低。

2. 平行施工组织方式

平行施工组织方式是在工作面允许的条件下，组织几个相同的工作队，在同一时间、不同的空间上进行施工。它与依次施工组织方式相比，充分地利用了工作面，工期相对缩短，但是所需现场临时设施相应增加，单位时间内投入施工的资源量成倍数增加。

3. 流水施工组织方式

流水施工组织方式是将施工项目划分成多个工作性质相同的分部、分项工程，同时在平面上划分成多个工作量大致相等的施工段，在竖向上划分多个施工层，安排相应的专业工作队在规定的时间内完成第一个施工段上的施工任务后连续进行第二、第三……直到最后一个施工段的施工；在专业工作队人数、使用的机具和材料一定的情况下，将不同的专业工作队在工作时间上最大限度地、合理地搭接起来，完成第一个施工层各个施工段上的相应施工任务后，连续进行第二、第三……直到完成最后一个施工层的任务。

二、流水施工组织方式的特点

流水施工组织方式与依次施工、平行施工相比较，具有以下特点：

（1）由于流水施工的连续性，科学地利用了工作面，减少了专业工作队的间隔时间，缩短了工期；

（2）工作队实现了专业化施工，连续作业，使相邻的专业工作队之间实现了最大限度的合理搭接，操作技术熟练，保证工程质量，提高劳动生产率；可以减少用工量和施工暂设建造量，并保证施工机械得到高效率利用，可降低工程成本；

（3）由于工期短、效率高、资源消耗均衡，有利于资源供应的组织工作，同时可以减少现场管理费和物资消耗，实现合理储存与供应，有利于提高项目综合经济效益。

（4）为现场的科学管理创造了有利条件。

三、流水施工的分级

根据流水施工组织的范围划分，流水施工通常可分为分项工程流水施工、分部工程流水施工、单位工程流水施工和群体工程流水施工。

1. 分项工程流水施工

分项工程流水施工是在一个专业工种内部组织起来的流水施工，也称为细部流水施工。在项目施工进度计划表上，它是一条标有施工段或工作队编号的水平进度指示线段或斜向进度指示线段（见附表1～附表7）。

2. 分部工程流水施工

分部工程流水施工是在一个分部工程内部、各分项工程之间组织起来的流水施工，也称为专业流水施工。在项目施工进度计划表上，它由一组标有施工段或工作队编号的水平进度指示线段或斜向进度指示线段来表示（见附表1～附表7）。

3. 单位工程流水施工

单位工程流水施工是在一个单位工程内部、各分部分项工程之间组织起来的施工，也称为综合流水施工。在项目施工进度计划表上，它是若干组分部分项工程的进度指示线段，并由此构成一张单位工程施工进度计划（见图9-3）。

4. 群体工程流水施工

群体工程流水施工是在每个单位工程之间组织起来的流水施工，亦称为大流水施工。反映在项目施工进度计划上，是一张项目施工总进度计划。

四、流水施工的表达式

流水施工主要由横道图和网络图两种表达方式。

1. 横道图

横道图由水平指示图和垂直指示图表示。水平指示图中横坐标表示流水施工的持续时间，纵坐标表示开展流水施工的施工过程、专业工作队的名称、编号和数目，如图4-1所示。

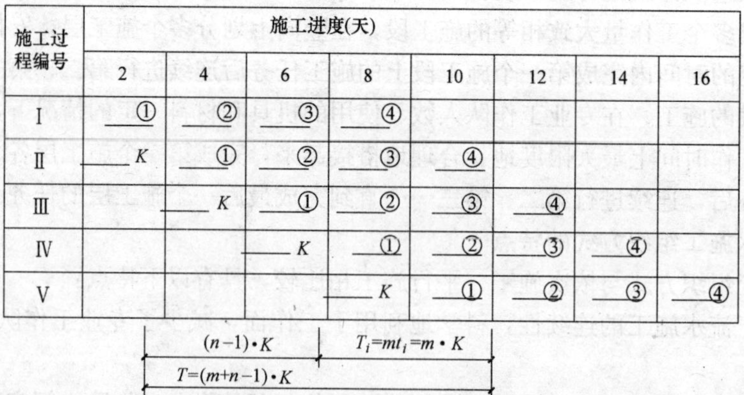

施工过程编号	施工进度(天)							
	2	4	6	8	10	12	14	16
I	①	②	③	④				
II	K	①	②	③	④			
III		K	①	②	③	④		
IV			K	①	②	③	④	
V				K	①	②	③	④

$(n-1)\cdot K$　　$T_i=mt_i=m\cdot K$

$T=(m+n-1)\cdot K$

图4-1　水平指示图

垂直指示图中横坐标表示流水施工的持续时间，纵坐标表示开展流水施工所划分的施工段编号，n 条斜线段表示各专业工作队或施工过程开展流水施工的情况，如图4-2所示。

42

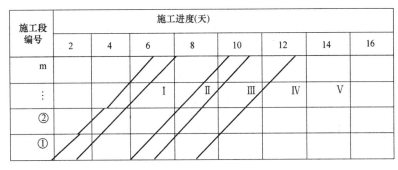

图 4-2　垂直指示图

图 4-1 和图 4-2 中，

　　　T——流水施工计划总工期；

　　　T_i——一个专业工作队或施工过程完成其全部施工段的持续时间；

　　　n——专业工作队数或施工过程数；

　　　m——施工段数；

　　　K——流水步距；

　　　t_i——流水节拍，本图中 $t_i=K$；

Ⅰ、Ⅱ……——专业工作队或施工过程的编号

①②③④——表示施工段的编号

2. 网络图

流水施工网络图的表达方式，详见第五章。

五、流水参数

流水参数是表达流水施工在工艺流程、空间布置和时间排列开展状态的参数，因此包括工艺参数、空间参数和时间参数。

1. 工艺参数

工艺参数是指在组织流水施工时，将整个施工项目分解成施工过程的种类数目的总称。工艺参数通常包括施工过程和流水强度两种，如图 4-3 所示。

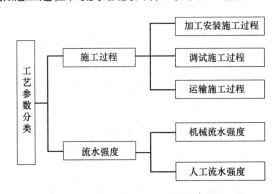

图 4-3　建筑施工组织工艺参数分类示意图

（1）施工过程：施工过程按照所包括范围可划分为分部、分项工程或单位工程；按照工艺性质不同，可分为加工安装类施工过程、调试施工过程和运输类施工过程 3 种。施工

过程数目用 n 表示。

(2) 流水强度：某施工过程在单位时间内完成的工程量，称为该施工过程的流水强度。流水强度一般以 V_i 表示，计算公式见式（4-1）和式（4-2）。

机械操作流水强度：

$$V_i = \sum_{j=1}^{x} R_i \cdot S_i \qquad (4-1)$$

式中　V_i——某施工过程 i 的机械操作流水强度；

　　　R_i——投入施工过程 i 的某种施工机械台数；

　　　S_i——投入施工过程 i 的某种施工机械产量定额；

　　　x——投入施工过程 i 的施工机械种类数。

人工操作流水强度：

$$V_i = R_i \cdot S_i \qquad (4-2)$$

式中　V_i——某投入过程 i 的人工操作流水强度；

　　　R_i——投入施工过程 i 的专业工作队工人人数；

　　　S_i——投入施工过程 i 的专业工作队平均产量定额。

2. 空间参数

在组织流水施工时，用以表达流水施工在空间布置上所处状态的参数，称为空间参数。空间参数主要有工作面、施工段和施工层。

(1) 工作面：某专业工种的施工人员在施工生产加工过程中，所必须具备的活动空间称为工作面。

(2) 施工段：通常把施工项目在平面上划分成若干个劳动量大致相等的施工段落，这些施工段落称为施工段，施工段数量用 m 表示。一个施工段内只安排一个施工过程的专业工作队进行施工。在一个施工段上，只有前一个施工过程的工作队提供足够的工作面，后一个施工过程的工作队才能进入该段从事下一个施工过程的施工。

(3) 施工层：为了满足专业工种对操作高度和施工工艺的要求，将工程项目在竖向上划分为若干个操作层，这些操作层称为施工层。施工层一般以 j 表示。

3. 时间参数

在组织流水施工时，用以表达流水施工在时间排列上所处状态的参数，称为时间参数。它包括流水节拍、流水步距、平行搭接时间、技术间歇时间和组织管理间歇时间等5种。

(1) 流水节拍：在组织流水施工时，每个专业工作队在各施工段上完成相应的施工任务所需要的工作延续时间，称为流水节拍。流水节拍的大小可以反映出流水施工速度的快慢、资源消耗量的多少。根据其数值特征，通常将流水施工分为等节拍专业流水、异节拍专业流水和无节拍专业流水等施工组织方式。流水节拍通常以 t_i 表示，它是流水施工的基本参数之一。

(2) 流水步距：在组织流水施工时，相邻两个专业工作队在保证施工顺序、满足连续施工、最大限度搭接和保证工程质量要求的条件下，相继投入施工的最小时间间隔，称为流水步距。流水步距以 $K_{j,j+1}$ 表示，它是流水施工的基本参数之一。

(3) 平行搭接时间：在组织流水施工时，有时为了缩短工期，在工作面允许的条件下，如果前一个专业工作队完成部分施工任务后，能够提前为后一个专业工作队提供工作面，使后者提前进入前一个施工段，两者在同一施工段上平行搭接施工，这个搭接的时间称为平行搭接时间，通常以 $C_{j,j+1}$ 表示。

（4）技术间歇时间：在组织流水施工时，除要考虑相邻专业工作队之间的流水步距外，有时根据建筑设备安装或构件等的工艺性质，还要考虑合理的工艺等待间歇时间，这个等待时间称为技术间歇时间。例如水管注水打压试验的耐压时间、放水时间等。通常以 $Z_{j,j+1}$ 表示技术间歇时间。

（5）组织间歇时间：在流水施工中，由于施工技术或施工组织的原因，造成的在流水步距以外增加的间歇时间，称为组织间歇时间。例如安装位置弹线、机械转移、回填土前地下管道检查验收等。组织间歇时间以 $G_{j,j+1}$ 表示。

第二节　流水施工主要流水参数

一、工作面的确定依据

工作面的大小是根据相应专业工种单位时间内的产量定额、工程操作规程和安全规程的要求确定的。工作面确定的合理与否，直接影响到专业工种工人的劳动效率。

二、施工段的确定依据

施工段数要适度，过多会减少劳动力人数而延长工期；过少又会导致资源供应过分集中，不利于组织流水施工。因此，应遵循以下原则划分施工段：

（1）专业工作队在施工段上的劳动量要大致相等，其相差幅度不宜超过 $10\%\sim15\%$。

（2）对高层建筑物，施工段的数目要满足合理流水施工组织的要求，即施工段数 $m\geqslant$ 施工过程数或专业队数 n。

（3）每个施工段要有足够的工作面，使其所容纳的劳动力人数或机械台数，能满足合理劳动组织的要求。

在实际施工中，若某些施工过程需要考虑技术间歇等，则可用式（4-3）确定每层的最少施工段数：

$$m_{\min}=n+\frac{\sum Z}{K} \tag{4-3}$$

式中　$m_{\min}$——每层需划分的最少施工段数；

　　　n——施工过程数或专业工作队数；

　　　$\sum Z$——某些施工过程要求的技术间歇时间的总和；

　　　K——流水步距。

三、施工层的确定依据

施工层的划分要根据建筑物的高度、楼层数量，结合工期来确定。

四、流水节拍的确定方法

影响流水节拍数值大小的因素主要有：项目施工时所采取的施工方案、各施工段投入的劳动力人数或施工机械台数、工作班次以及该施工段工程量的多少。流水节拍在数值上最好是班组的整数倍，其数值的确定方法如下。

（1）定额计算法。这是根据各施工段的工程量、能够投入的资源量（工人数、机械台数和材料量等），按式（4-4）或式（4-5）进行计算：

$$t_i = \frac{Q_i}{S_i \times R_i \times N_i} = \frac{P}{R_i \times N_i} \tag{4-4}$$

或

$$t_i = \frac{Q_i \times H_i}{R_i \times N_i} = \frac{P_i}{R_i \times N_i} \tag{4-5}$$

式中　t_i——某专业工作队在第 i 施工段的流水节拍；

　　　Q_i——某专业工作队在第 i 施工段要完成的工程量；

　　　S_i——某专业工作队的计划产量定额；

　　　H_i——某专业工作队的计划时间定额；

　　　P_i——某专业工作队在第 i 施工段需要的劳动量或机械台班数量；

$$P_i = \frac{Q_i}{S_i}(或\ Q_i \times H_i)$$

　　　R_i——某专业工作队投入的工作人数或机械台数；

　　　N_i——某专业工作队的工作班次。

在式（4-4）和式（4-5）中，S_i 和 H_i 最好是某项目经理部的实际水平。

（2）经验估算法。它是根据以往的施工经验进行估算。为了提高其准确程度，往往先估算出该流水节拍的最长、最短和正常（即最可能）三种时间，然后据此求出期望时间作为某专业工作队在某施工段上的流水节拍。因此，本法也称为三种时间估算法，一般按式（4-6）进行计算。

$$m = \frac{a + 4c + b}{6} \tag{4-6}$$

式中　m——某施工过程在某施工段上的流水节拍；

　　　a——某施工过程在某施工段上的最短估计时间；

　　　b——某施工过程在某施工段上的最长估计时间；

　　　c——某施工过程在某施工段上的正常估计时间。

这种方法多用于采用新工艺、新方法和新材料等没有定额参照的工程。

（3）工期计算法。对某些施工任务在规定日期内必须完成的工程项目，往往采用倒排进度法，具体步骤如下：

第一步：根据工期倒排进度，确定某施工过程的工作持续时间；

第二步：确定某施工过程在某施工段上的流水节拍。若同一施工过程的流水节拍不等，则用估算法；若流水节拍相等，则按式（4-7）进行计算：

$$\iota = \frac{T}{m} \tag{4-7}$$

式中　t——流水节拍；

　　　T——某施工过程的工作持续时间；

　　　m——某施工过程划分的施工段数。

当施工段数确定后，流水节拍大，则相应的工期就长。因此，从理论上讲，总是希望流水节拍越小越好。但实际上由于受工作面的限制，每一施工过程在各施工段上都有最小的流水节拍，其数值可按式（4-8）计算：

$$t_{\min} = \frac{A_{\min} \times \mu}{S} \tag{4-8}$$

式中 t_{min}——某施工过程在某施工段的最小流水节拍；

A_{min}——每个工人所需最小工作面；

μ——单位工作面工程量含量；

S——产量定额。

按式（4-8）算出数值，应取整数或半个工日的整倍数，根据工期计算的流水节拍，应大于最小流水节拍。

五、流水步距的确定方法

1. 流水步距的确定原则

（1）流水步距要满足相邻两个专业工作队，在施工顺序上的相互制约关系；

（2）流水步距要保证各专业工作队都能连续作业[1]；

（3）流水步距要保证相邻两个专业工作队，在开工时间上最大限度地、合理地搭接；

（4）流水步距的确定要保证工程质量，满足安全生产。

2. 流水步距的确定方法

目前广泛使用"大差法"，简称累加数列法，其步骤如下。

第一步：根据专业工作队在各施工段上的流水节拍，求累加数列；

第二步：根据施工顺序，对所求相邻的两累加数列错位相减；

第三步：根据错位相减的结果，确定相邻专业工作队之间的流水步距，即相减结果中数值最大者。

第三节　专业流水施工组织特征及组织步骤

根据各施工过程时间参数的不同特点，专业流水可分为等节拍专业流水、不等节拍专业流水和无节拍专业流水3种形式。

一、专业流水施工组织特征

1. 等节拍专业流水施工组织特征

（1）如有 n 个施工过程，流水节拍彼此相等，$t_1 = t_2 = \cdots t_n$。

（2）流水步距彼此相等，而且等于流水节拍，即：$K_{1,2} = K_{2,3} = \cdots = K_{n-1,n} = K = t$（常数）。

（3）每个专业工作队都能够连续施工，施工段没有空闲。

（4）专业工作队数（n_1）等于施工过程数（n）。

2. 异节拍专业流水施工组织特征

（1）相同施工过程在各施工段上的流水节拍彼此相等，不同的施工过程在同一施工段上的流水节拍彼此不同，但互为倍数关系。

（2）流水步距彼此相等，且等于流水节拍的最大公约数。

（3）各工作队都能够保证连续施工，施工段没有空闲。

3. 无节拍专业流水施工组织特征

在实际施工中，通常每个施工过程在各个施工段上的工程量彼此不等，各专业工作队的生产效率相差较大，导致大多数的流水节拍彼此不相等，不可能组织成等节拍专业流水或异节拍专业流水。如果在保证施工工艺、满足施工顺序要求的前提下，能够按照一定的计算方法确定相邻专业工作队之间的流水步距，且在开工时间上最大限度地合理搭接起来，形成每个专业工作队都能连续作业，将这种流水施工方式称为无节拍专业流水。无节拍专业流水具有如下特征：

（1）每个施工工程在各个施工段上的流水节拍不相等；

（2）在多数情况下，流水步距彼此不相等；

（3）各专业工作队都能连续施工，个别施工段可能有空闲。

二、无节拍专业流水施工组织步骤

由于等节拍和异节拍专业流水施工都是无节拍专业流水施工的特例，所以下面重点讲述无节拍专业流水施工的组织步骤。

第一步：确定施工起点流向，分解施工过程；

第二步：确定施工顺序，划分施工段；

第三步：计算各施工过程在各个施工段上的流水节拍；

第四步：确定相邻两个专业工作队之间的流水步距；

第五步：按式（4-9）计算流水施工的计划工期；

第六步：绘制流水施工进度表。

绘制流水施工进度表时，计划工期的计算参见式（4-9）。

$$T = \sum_{j=1}^{n-1} K_{j,j+1} + \sum_{i=1}^{m} t_i^{zh} + \sum Z + \sum G - \sum C_{j,j+1} \tag{4-9}$$

式中　T——流水施工的计划工期；

$K_{j,j+1}$——与两专业工作队之间的流水步距；

t_i^{zh}——最后一个施工过程在第 i 个施工段上的流水节拍；

$\sum Z$——技术间歇时间总和，$\sum Z = \sum Z_{j,j+1} + \sum Z_{k,k+1}$；

$\sum Z_{j,j+1}$——相邻两专业工作队 j 与 $j+1$ 之间的技术间歇时间之和，$1 \leqslant j \leqslant n-1$；

$\sum Z_{k,k+1}$——相邻两施工层间的技术间歇时间之和，$1 \leqslant k \leqslant r-1$；

$\sum G$——组织间歇时间之和，$\sum G = \sum G_{j,j+1} + \sum G_{k,k+1}$；

$\sum G_{j,j+1}$——相邻两专业工作队 j 与 $j+1$ 之间的技术间歇时间之和，$1 \leqslant j \leqslant n-1$；

$\sum G_{k,k+1}$——相邻两施工层间的技术间歇时间之和，$1 \leqslant k \leqslant r-1$；

$\sum C_{j,j+1}$——相邻两专业工作队 j 与 $j+1$ 之间的平行搭接时间之和，$1 \leqslant j \leqslant n-1$。

第四节　流水施工组织应用实例

【例 4-1】　某建筑物地下 3 层通风安装分项工程，建筑面积为 26750m²。该分项工程由某一个分包单位施工，施工过程为加工风管和支架、安装吊架、安装风管风阀及风机和风管保温，即 $n=4$。如果按照依次施工方式组织施工，加工风管需要 125d、安装吊架需要 60d、安装风管风阀风机需要 105d 和风管保温需要 81d，共计需要 371d（见表 4-1）。但根据项目整体的进度计划要求，该分项工程必须在 165d 内完成。如何组织流水施工？并确定流水参数。

第一步：确定施工起点流向，分解施工过程

将施工过程分解为加工风管和支架、安装吊架、安装风管风阀及风机和风管保温 4 项，施工起点为加工风管。

施工过程项目	依次施工需要施工总天数(d)	依次施工各个施工段施工天数(d)
加工风管、支架	125	9
安装吊架	60	4
安装风管风阀及风机	105	6
风管保温	81	5
合计	371	24(371/15＝24)

第二步：确定施工顺序，划分施工段

1. 确定施工段

由于该分项工程施工过程数 $n＝4$，即将施工人员分成 4 个不同施工任务（加工风管、安装吊架、安装风管风阀及风机和风管保温）的班组；每层建筑面积近 9000m²，按照划分施工段的原则及式（4-3）可求得每层的最少施工段数量 $m_{min}＝4＋1＝5$，每个施工段约 1700m²。故将每层平面划分成 A 区、B 区、C 区、D 区、E 区 5 个施工段，工作量相接近。由于计划要求该分项工程 165d 完成，且 $m＞n$，各工序施工班组能够实现连续作业，所以每个施工段应控制在 165/(5×3)＝11d 以内完成全部施工任务。

2. 确定施工层

由于该分项工程是由一个分包单位完成，地下 3 个楼层风管布置都不相同，所以在竖向上划分 3 个施工层。先从 B3F 开始施工，最后到 B1F，这样施工人员少、机具利用率较高。

第三步：计算各个施工段上各施工过程的流水节拍

该分项工程的施工任务必须在规定工期内完成，而且一个施工段上每个施工过程的流水节拍不等，通常采用工期计算法和估算法相结合计算流水节拍。按照 11 个工作日完成一个施工段施工任务的计划，则各个施工过程的流水节拍如表 4-2 所示。

每个施工段施工过程的流水节拍 表 4-2

各个班组	施工过程及流水节拍(d)			
	①	②	③	④
加工风管、支架班组	9			
安装吊架班组		4		
安装风管风阀风机班组			6	
风管保温班组				5

根据表 4-2 中各个施工过程之间的流水节拍来看，工作面有空闲时间，可用于技术间歇、组织管理间歇和备料等所需的时间。

第四步：确定相邻两个专业工作队之间的流水步距

从表 4-4 可以看出，加工风管和支架 1d 后，进行第一个施工段的吊架安装工作，4d 后进行风管风阀及风机的安装工作，6d 后进行保温工作。根据流水步距的计算方法"大差法"，可计算得出一个施工段上每个施工过程的流水步距，如表 4-3 所示。

一个施工段每个施工过程的流水步距　　　　　　　表 4-3

施工过程项目	流水节拍
加工风管、支架与安装吊架 t_{1-2}	1
安装吊架与安装风管风阀风机 t_{2-3}	3
安装风管风阀风机与风管保温 t_{3-4}	2

第五步：计算流水施工的计划工期

该分项工程是地下空调工程的一部分，要求在 165d 内完成，因此可按照拟定工期逆推出一个施工段的流水参数。由于每层各个施工段的工作量接近，所以整个分项工程的工期就是将每个施工段流水施工需用时间叠加起来。

第六步：绘制流水施工进度计划表

按照前面 5 个步骤的分析结果绘制出流水施工进度计划表，详见表 4-4。

一个施工段上每个施工过程所需要的施工时间　　　　　　表 4-4

施工过程	1	2	3	4	5	6	7	8	9	10	11
加工风管、支架	①										
安装吊架		②									
安装风管风阀风机							③				
风管保温								④			

由表 4-4 可见，在这个施工段上，技术间歇时间总和 $\sum Z = 9\text{d}$，组织间歇时间总和 $\sum G = 0\text{d}$，相邻两专业工作队 j 与 $j+1$ 之间的平行搭接时间总和 $\sum C_{j,j+1} = 6\text{d}$。

参 考 文 献

[1]　张守健. 施工组织设计与进度管理. 北京：中国建筑工业出版社，2000.

第五章　建筑设备工程施工网络计划

第四章讲到在编制建筑设备工程流水施工进度计划时，广泛使用"横道图"和"网络图"两种表达方式。"横道图"直观易懂，但它不能全面反映出各项工作之间在工艺上的相互依赖关系，也不能反映出计划中的主次工作和关键线路。而"网络图"可以表达施工进度计划中各项工作的开展顺序及其相互之间的关系，能够找出主次工作和关键线路。通过改进网络计划，能够寻求出最优方案，进行工期-成本的计划与控制。本章重点讲述施工网络图的构成及表达方式、网络图绘制方法、网络计划时间参数计算方法，并给出建筑设备工程网络计划应用案例。

第一节　网络图的构成及表达方式

一、网络图的概念

用箭线表示一项工作，工作的名称写在箭线的上面，完成该项工作的持续时间写在箭线的下面，箭头和箭尾处分别画上圆圈，填入编号，箭头和箭尾的两个编号代表着一项工作，如图 5-1 (a) 所示，i，j 分别代表一项工作；或者用一个圆圈代表一项工作，节点编号写在圆圈上部，工作（工序）名称写在圆圈中部，完成该工作所需

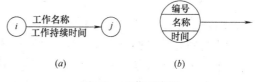

图 5-1　工作示意图

要的持续时间在圆圈下部，箭线只表示该工作与其他工作的相互关系，如图 5-1 (b) 所示。把一项工程计划的所有工作，按照工艺要求的先后顺序并考虑其相互制约关系，全部用箭线或圆圈表示，从左向右排列起来，形成一个网状的图形，如图 5-2 或图 5-3 所示，将其称为网络图[1]。

二、网络图的类型

网络图根据绘图符号的不同，分为双代号和单代号两种形式的网络图。

1. 双代号网络图

双代号网络图是指组成网络图的各项工作由节点表示工作的开始或结束，以箭线表示工作的名称。把工作的名称写在箭线上，工作的持续时间（小时，天，周）写在箭线下，箭尾表示工作的开始，箭头表示工作的结束。采用这种符号所组成的网络图称为双代号网络图，如图 5-2 所示。

2. 单代号网络图

单代号网络图是指组成网络图的各项工作是由节点表示，以箭线表示各项工作的相互制约关系。用这种符号从左向右绘制而成的图形就叫做

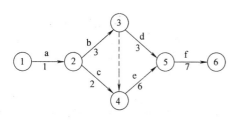

图 5-2　双代号网络图

单代号网络图，如图 5-3 所示。

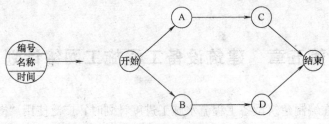

图 5-3 单代号网络图

三、网络图构成的基本要素

网络图由工作、节点、线路三个基本要素组成。

1. 工作

对于一个规模较大的建设项目来说，一项工作可能代表一个单位工程或一个构筑物。如果对于一个单位工程，一项工作可能只代表一个分部或分项工程。工作通常可以分为 3 种：（1）消耗时间和资源；（2）只消耗时间而不消耗资源；（3）既不消耗时间，也不消耗资源。前两种是实际存在的工作，后一种是人为的虚设工作，只表示相邻前后工作之间的逻辑关系，通常称其为"虚工作"，以虚线表示，其表示形式可垂直向上或向下，也可水平向右，如图 5-2 所示。

2. 节点

网络图中在多个箭线的交汇处画上圆圈，表示该圆圈前面一项工作的结束和后面一项工作的开始的时间点称为节点。在一个网络图中可以有许多工作通向一个节点，也可以有许多工作由同一个节点出发，将通向某节点的工作称为该节点的紧前工作或前面工作，如图 5-4 所示。节点只表示该项工作的结束和开始的瞬间，起衔接作用，不消耗时间或资源，如图 5-2 中的节点 5，它只是表示 d、e 两项工作的结束时刻，也表示 f 工作的开始时刻。节点的另一个作用是在网络图中将一项工作的前后两个节点用编号表示，如图 5-2 中，e 工作用节点编号表示"4-5"。

在一个网络图中箭线出发的节点称为开始节点，箭线进入的节点称为完成节点，除整个网络计划的起节点和终节点外，其余任何一个节点都有双重的含义，即使前面工作的完成节点，又是后面工作的开始节点，如图 5-5 所示。

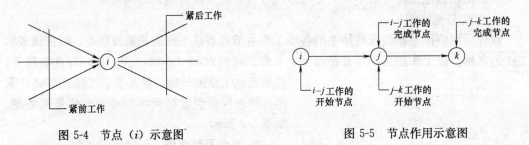

图 5-4 节点（i）示意图　　　　　　　图 5-5 节点作用示意图

3. 线路

网络图中从起点节点开始，沿箭线方向连续通过一系列箭线与节点，最后到达终点节点的通路称为线路。

（1）关键线路：每一条线路都有自己确定的完成时间，它等于该线路上各项工作持续时间的总和，也是完成这条线路上所有工作的总时间。工期最长的线路称为关键线路。网络图中关键线路可能同时存在几条，这几条线路上的持续时间相同。

（2）关键工作：位于关键线路上的工作称为关键工作。关键工作没有机动时间，完成的快慢直接影响整个计划工期的实现，关键线路用粗箭线连接。

（3）非关键线路：短于关键线路持续时间的线路称为非关键线路。

（4）非关键工作：位于非关键线路上的除关键工作外，其余称为非关键工作，它有机动时间（即时差）；非关键工作也不是一成不变的，它可以转化为关键工作；利用非关键工作的机动时间可以科学、合理地调配资源和对网络计划进行优化。

第二节　网络图绘制方法

一、网络图中各工作逻辑关系表示方法

绘制网络图要符合 3 个条件：（1）施工顺序的关系；（2）流水施工的要求；（3）网络逻辑连接关系。对施工顺序和施工组织上必须衔接的工作，绘图时不易出现错误，对于无逻辑关系的工作就容易出现错误，应采用虚箭线在线路上隔断无逻辑关系的各项工作。各工作逻辑关系的表示方法归纳成表 5-1。

网络图中各工作逻辑关系表示方法　　　　　　　　　　　　　　表 5-1

序号	工作之间的逻辑关系	网络图中表示方法	说　明
1	有 A、B 两项工作按照依次施工方式进行		B 工作依赖着 A 工作，A 工作约束着 B 工作的开始
2	有 A、B、C 三项工作同时开始工作	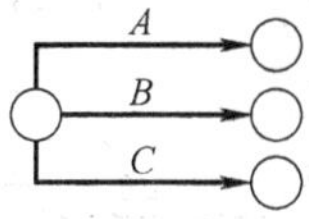	A、B、C 三项工作称为平行工作
3	有 A、B、C 三项工作同时结束	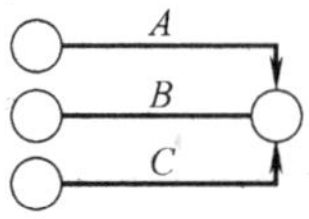	A、B、C 三项工作称为平行工作
4	有 A、B、C 三项工作，只有在 A 完成后，B、C 才能开始	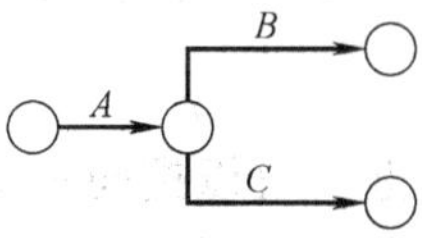	A 工作制约着 B、C 工作的开始。B、C 为平行工作
5	有 A、B、C 三项工作，C 工作只有在 A、B 完成后才能开始	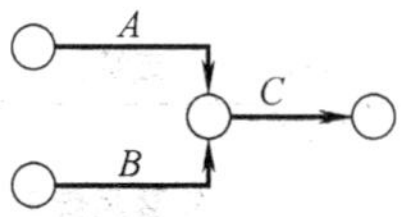	C 工作依赖着 A、B 工作；A、B 为平行工作
6	有 A、B、C、D 四项工作，只有当 A、B 完成后 C、D 才能开始	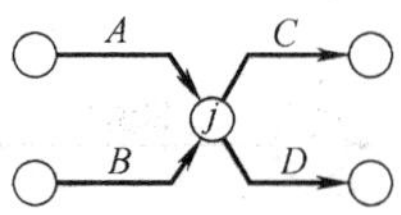	通过中间时间 j 正确地表达了 A、B、C、D 之间的关系

53

序号	工作之间的逻辑关系	网络图中表示方法	说　明
7	有 A、B、C、D 四项工作，A 完成后 C 才能开始，A、B 完成后 D 才开始		D 与 A 之间引入了逻辑链接（虚工作），只有这样才能正确表达它们之间的约束关系
8	有 A、B、C、D、E 五项工作，A、B、C 完成后 D 才能开始，B、C 完成后 E 才能开始		虚线表示虚工作，虚工作表示 D 工作受到 B、C 工作制约
9	A、B 两项工作分 3 个施工段，平行施工		每个工种建立专业工作队，在每个施工段进行流水作业，不同工种之间用逻辑搭接关系表示

二、网络图的排列方法

绘图时可根据不同的工程情况，不同的施工组织方法和使用要求，灵活排列、简化层次，使各工作之间在工艺上的逻辑关系准确，便于技术人员计算和调整。通常采用以下 3 种排列方法：

1. 施工段排列法

为了突出表示工作面的连接或者工作队的连接，可以把在同一施工段上的不同工种排列在同一水平线上，这种排列方法称为"按施工段排列法"，如图 5-6 所示。

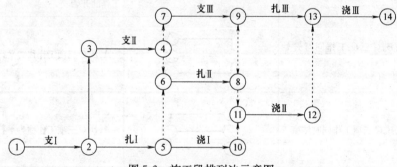

图 5-6　施工段排列法示意图

2. 工种排列法

如果为了突出表示工种的连续作业，可以把同一工种工程排列在同一水平线上，这一排列方法称为"按工种排列法"，如图 5-7 所示。

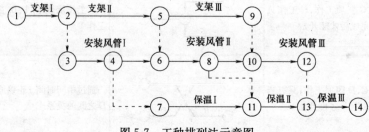

图 5-7　工种排列法示意图

3. 楼层排列法

如果在流水施工中，若干个不同工种工作，沿着建筑物的楼层展开时，可以把同一楼层的各项工作排在同一水平线上。图5-8所示为某通风工程的3项工作按楼层自上而下的施工流向进行施工的网络图。

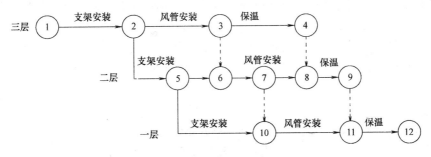

图 5-8　按楼层排列示意图

上述几种排列方法往往在一个单位工程的施工进度网络计划中同时出现，工作中可以按使用要求灵活地选用以上几种网络计划的排列方法。

第三节　网络计划时间参数计算方法

将网络图增加持续时间就成为网络计划。网络计划时间参数计算的目的在于确定网络计划上各项工作和各节点的时间参数，为网络计划的优化、调整和执行提供明确的时间概念。网络计划计算的内容主要包括：各个节点的最早时间和最迟时间；各项工作的最早开始时间、最早完成时间、最迟开始时间、最迟完成时间；各项工作的有关时差以及关键线路的持续时间。常用的计算方法有工作分析计算法、节点计算法和图上计算法。本节只介绍工作分析计算法，其他计算方法文献［1］都作了介绍。

某一网络图由 h、i、j、k 四个节点和 h-i，i-j 及 j-k 等三项工作组成，如图5-9所示。

图5-9中，i-j 代表一项工作，h-i 是它的紧前工作。如果 i-j 之前有许多工作，h-i 可理解为由起点节点到 i 节点为止沿箭头方向的

图 5-9　工作示意图

所有工作的总和。j-k 代表它的紧后工作，如果 j 是终点节点，则 j-k 等于零。如果 i-j 后面有许多工作，j-k 可理解为由 j 节点至终点节点为止的所有工作的总和。

设：ET_i——i 节点的最早时间；

　　ET_j——j 节点的最早时间；

　　LT_i——i 节点的最迟时间；

　　LT_j——j 节点的最迟时间；

　　D_{i-j}——i-j 工作的持续时间；

　　ES_{i-j}——i-j 工作的最早开始时间；

　　LS_{i-j}——i-j 工作的最迟开始时间；

　　EF_{i-j}——i-j 工作的最早完成时间；

　　LF_{i-j}——i-j 工作的最迟完成时间；

　　TF_{i-j}——i-j 工作的总时差；

$FF_{i\text{-}j}$——$i\text{-}j$ 工作的自由时差。

P 是由 n 个节点组成的网络计划，其编号是由小到大（1→n）。

工作时间参数的计算方法及步骤如下：

1. 工作最早开始时间的计算

工作最早开始时间是指各紧前工作全部完成后，本工作有可能开始的最早时刻。工作 $i\text{-}j$ 的最早开始时间 $ES_{i\text{-}j}$ 的计算应符合下列规定：

（1）从网络计划的起点节点开始，顺箭线方向依次逐项计算；

（2）以起点节点为箭尾节点的工作 $i\text{-}j$，当未规定其最早开始时间 $ES_{i\text{-}j}$ 时，其值应等于零，即：

$$ES_{i\text{-}j}=0 \ (i=1) \tag{5-1}$$

（3）当工作只有一项紧前工作时，其最早开始时间应为：

$$ES_{i\text{-}j}=ES_{h\text{-}i}+D_{h\text{-}i}$$

式中　$ES_{h\text{-}i}$——工作 $i\text{-}j$ 的紧前工作的最早开始时间；

　　　$D_{h\text{-}i}$——工作 $i\text{-}j$ 的紧前工作的持续时间。

（4）当工作有多个紧前工作时，其最早开始时间应为：

$$ES_{i\text{-}j}=\max\{ES_{h\text{-}i}+D_{h\text{-}i}\} \tag{5-2}$$

2. 工作最早完成时间的计算

工作最早完成时间是指各紧前工作完成后，本工作可能完成的最早时刻。工作 $i\text{-}j$ 的最早完成时间为：

$$FF_{i\text{-}j}=ES_{i\text{-}j}+D_{i\text{-}j} \tag{5-3}$$

3. 网络计划工作的计算

（1）计算工期 T_c：是指根据时间参数计算得到的工期。

$$T_c=\max\{EF_{i\text{-}n}\} \tag{5-4}$$

（2）网络计划的计划工期计算

网络计划的计划工期是指按要求工期和计算工期确定的作为施工目标的工期。

当有规定要求工期 T_c 时，　　　　　$T_c \leqslant T_p$ 　　　　　　(5-5)

当未规定要求工期时，　　　　　　　$T_p=T_c$ 　　　　　　　(5-6)

4. 工作最迟时间的计算

工作最迟完成时间是指不影响整个任务按期完成的前提下，工作必须完成的最迟时刻。

工作 $i\text{-}j$ 的最迟完成时间 $LF_{i\text{-}j}$ 应从网络计划的终点节点开始，逆着箭线方向逐项计算。

以终点节点（$j=n$）为箭头节点的工作最迟完成时间 $LF_{i\text{-}n}$，应按网络计划的计划工期 T_p 确定，即：　　　　$LF_{i\text{-}n}=T_p$ 　　　　　　　(5-7)

其他工作 $i\text{-}j$ 的最迟时间　　$LF_{i\text{-}j}=\min\{LF_{j\text{-}k}-D_{i\text{-}k}\}$ 　　　　(5-8)

5. 工作最迟开始时间的计算

工作最迟开始时间是指在不影响整个任务按期完成的前提下工作必须开始的最迟时刻。

工作 $i\text{-}j$ 的最迟开始时间　　　$LS_{i\text{-}j}=LF_{i\text{-}j}-D_{i\text{-}j}$ 　　　　　(5-9)

6. 工作总时差的计算

工作总时差是指在不影响总工期的前提下，本工作可以利用的机动时间。

$$TF_{i\cdot j} = LS_{i\cdot j} - ES_{i\cdot j} \tag{5-10}$$

或

$$TF_{i\cdot j} = LF_{i\cdot j} - EF_{i\cdot j} \tag{5-11}$$

7. 工作自由时差的计算

工作自由时差是指在不影响其紧后工作最早开始时间的前提下，本工作可以利用的机动时间。工作 $i\text{-}j$ 的自由时差 $FF_{i\cdot j}$ 的计算应符合下列规定。

（1）当工作 $i\text{-}j$ 有紧后工作 $j\text{-}k$ 时，其自由时差应为：

$$FF_{i\cdot j} = ES_{j\cdot k} - ES_{i\cdot j} - D_{i\cdot j} \tag{5-12}$$

或

$$FF_{i\cdot j} = ES_{j\cdot k} - EF_{i\cdot j} \tag{5-13}$$

式中 $ES_{j\cdot k}$——工作 $i\text{-}j$ 的紧后工作 $j\text{-}k$ 的最早开始时间。

（2）以终点节点为箭头节点工作，自由时差 $FF_{i\cdot j}$ 应按网络计划的计划工期 T_p 确定，即：

$$FF_{i\cdot n} = T_p - ES_{i\cdot n} - D_{i\cdot n} \tag{5-14}$$

或

$$FF_{i\cdot j} = T_p - EF_{i\cdot n} \tag{5-15}$$

8. 关键工作的判定

总时差最小的工作为关键工作。当无规定工期时，$T_c = T_p$，最小总时差为零。当 $T_c > T_p$ 时，最小总时差为负数；当 $T_c < T_p$ 时，最小总时差为正数。

9. 关键线路的判定

自始至终全部有关键工作构成、工期最长的线路为关键线路，应当用粗线，双线或彩线标注。

第四节 建筑设备工程网络计划应用实例

【例 5-1】 某酒店 3 个多功能厅空调系统改造，由原来的定风量送风改造为变风量送风。根据工程施工特点和施工方案，将工程分解成 3 个施工段，每个施工段都包括加工风管、空调机组安装、风管安装、变风量箱安装、风管保温和系统调试 6 个施工过程。请按照表 5-2 的条件编制该系统改造工程网络施工进度计划，判定出关键线路。

三个施工段各项工序紧前、紧后工作和工序持续时间　　　　　　　表 5-2

序号	工作名称	工作代号	紧前工作	持续时间(d)	最短持续时间(d)	紧后工作
1	制作风管 1	A	A	5	4	B、G
2	空调机组安装 1	B	B	3	2	C、H
3	风管安装 1	C	C	3	2	D、I
4	变风量箱安装 1	D	D	4	3	E、J
5	风管保温 1	E	E	2	1	K、F
6	系统调试 1	F	A	1	1	L
7	制作风管 2	G	B、G	5	4	H、M
8	空调机组安装 2	H	C、H	2	1	N、I
9	风管安装 2	I	D、I	3	2	J、O

序号	工 作 名 称	工作代号	紧前工作	持续时间(d)	最短持续时间(d)	紧后工作
10	变风量箱安装2	J	E、J	4	3	P、K
11	风管保温2	K	F、K	3	2	L、Q
12	系统调试2	L	G	1	1	R
13	制作风管3	M	M、H	4	3	N
14	空调机组安装3	N	N、I	3	2	O
15	风管安装3	O	O、J	3	2	P
16	变风量箱安装3	P	K、P	3	2	Q
17	风管保温3	Q	Q、L	2	1	R
18	系统调试3	R		1	1	…

本例各工序的作业持续时间，按工艺过程要求和施工组织要求确定各工序的紧前和紧后工序，分析计算结果及参考定额见表5-2。

Project 2003 是一套项目管理软件，用于协助管理工程的进度、资源和成本。输入各项工序的名称、工期、紧前紧后工作、软件将自动生成网络计划、横道图计划。本例利用 project2003 制作出网络图。根据表 5-2，绘制该空调安装工程的网络图如图 5-10 所示。

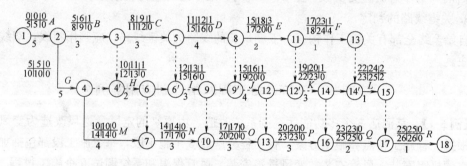

图 5-10 空调工程施工进度网络计划

第一步：计算网络图的时间参数、确定关键线路

采用工作分析计算法，根据式（5-1）～式（5-15）计算出网络计划时间参数。

首先对制作风管1（见表5-2，工作代号为 A，见图5-10）部分进行计算：

（1）制作风管1工作的最早开始时间 $ES_{i-j}=0$（$i=1$）；

（2）制作风管1工作的最迟开始时间 $LS_{i-j}=5$；

（3）制作风管1工作的最早完成时间 $EF_{i-j}=0$；

（4）制作风管1工作的最迟完成时间 $LF_{i-j}=5$；

（5）制作风管1总时差 $TF_{i-j}=0$；

（6）制作风管1自由时差 $FF_{i-j}=0$。

将上述6项时间参数计算结果以表5-3的形式填入图5-10工作名称 A 的左侧。共有18项工作需要计算上述6项时间参数，计算方法可以按照制作风管1的计算顺序进行，将计算结果全部填入图5-10对应的工作名称左侧。

$ES_{i-j}=0$	$EF_{i-j}=0$	$TF_{i-j}=0$
$LS_{i-j}=5$	$LF_{i-j}=5$	$FF_{i-j}=0$

第二步：确定关键工作

总时差为零的工作为关键工作。

第三步：确定关键线路

全部由关键工作构成的线路，且总的工作持续时间最长的线路为关键线路。由图5-10可以找出本例空调改造工程网络计划的关键线路为：1→2→4→7→10→13→16→17→18。

第四步：确定工期

根据图 5-10 确定的关键线路，得出本例空调改造工程工期为 26d。

【例 5-2】 某建筑地下室土建工程施工顺序如图 5-11 所示，现有瓦工、混凝土工、钢筋工、抹灰工、电工、木工各一组，要求分两段施工。请根据图 5-11 给出的条件，分别编制无时标施工网络计划和时标网络计划，并确定关键线路。

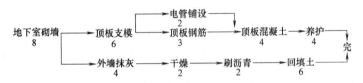

图 5-11 某地下室工程的施工顺序

1. 编制无时标网络计划

按照图 5-11 的施工顺序，编制出无时标施工网络计划如图 5-12 所示。

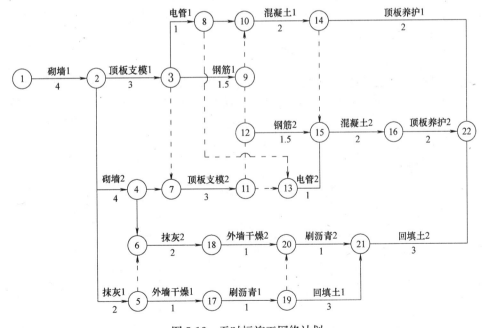

图 5-12 无时标施工网络计划

2. 编制有时标施工网络计划

参照图 5-12 的网络计划，编制出有时标网络计划如图 5-13 所示。

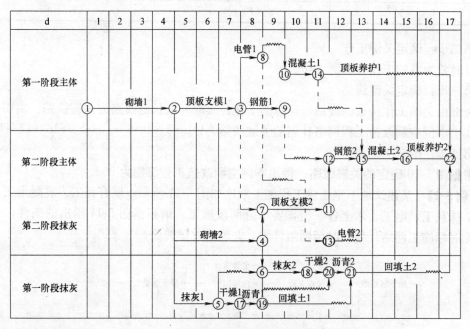

图 5-13　有时标施工网络计划

3. 确定关键线路

没有出现波形线的线路是：1→2→4→7→11→12→15→16→22，为关键线路。

【例 5-3】　以【例 4-1】分项工程为例，按照工种排列法画出有时标施工网络图，确定关键线路，并找出关键线路中主要工作的紧前紧后工作，工作持续时间，该施工段工期。

第一步：施工网络图

各项工种分为加工风管和支架、安装吊架、安装风管风阀及风机和风管保温。为了突出表示工种的连续作业，可以把同一工种工程排列在同一水平线上，施工起点为加工风管。施工网络图如图 5-14 所示。

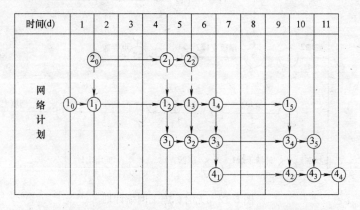

图 5-14　按照工种排列法绘制的有时标施工网络图

第二步：确定关键线路

根据图 5-14 可确定 $1_0 \rightarrow 1_1$（2_0）$\rightarrow 1_2$（2_1）$\rightarrow 3_1 \rightarrow 3_3 \rightarrow 4_1 \rightarrow 4_3 \rightarrow 4_4$ 为关键线路。

第三步：找出紧前紧后工作，工作持续时间，确定该施工段工期

根据图 5-14 找出紧前紧后工作、工作持续时间，确定该施工段工期为 11d，详见表 5-4。

施工段各项工序紧前、紧后工作和工序持续时间（d）　　　　表 5-4

序号	工作名称	工作代号	紧前工作	持续时间	最短持续时间	紧后工作
1	制作风管支架 1	1_0-1_1	1_0-1_1	1	1	1_1-1_2 2_0-2_1
2	制作风管支架 2 支架安装 1	1_1-1_2 2_0-2_1	1_0-1_1 2_0-2_1	3	3	1_2-1_3、2_1-2_2 2_1-2_2
3	安装风管风阀及风机 1	3_1-3_2	1_1-1_2 2_0-2_1	1	1	3_2-3_3 1_3-1_4
4	安装风管风阀及风机 2	3_2-3_3	3_1-3_2 1_2-1_3 2_1-2_2	1	1	3_3-3_4 4_1-4_2
5	风管保温 1	4_1-4_2	3_2-3_3 1_3-1_4	3	3	3_4-3_{45} 4_2-4_3
6	风管保温 2	4_2-4_3	4_1-4_2 3_3-3_4 1_4-1_5	1	1	4_3-4_4
7	风管保温 3	4_3-4_4	4_2-4_3 3_4-3_5	1	1	3_4-3_{45} 4_2-4_3

参 考 文 献

[1] 李联友．建筑设备施工经济与组织．武汉：华中科技大学出版社，2009.

第六章　建筑设备工程施工准备工作

当建筑设备工程施工单位承揽工程中标签订施工合同后，就该着手进行施工准备工作。建筑设备工程施工准备工作按照工作内容的性质可分为技术准备、物资准备、劳动组织准备、施工现场准备和施工场外准备5个部分。

第一节　施工准备工作分类

一、技术准备

技术准备是施工准备工作的核心。由于任何技术的差错或隐患都可能引起人身安全和质量事故，造成生命、财产和经济的巨大损失。因此，必须认真地做好技术准备工作。具体有如下内容：

1. 调查、搜集原始资料

（1）自然条件的调查分析。建设地区自然条件调查分析的主要内容有：地区水准点和绝对标高等情况；河流流量和水质、最高洪水和枯水期的水位等情况；地下水位的高低变化情况，含水层的厚度、流向、流量等情况；气温、雨、雪、风和雷电等情况；土的冻结深度和冬雨季的期限等情况。

（2）技术经济条件的调查分析。建设地区技术经济条件调查分析的主要内容有：地方建筑施工企业的状况；施工现场的动迁状况；当地可利用的地方材料状况；地方能源和交通运输状况；地方劳动力和技术水平状况；当地生活供应、教育和医疗卫生状况；当地消防、治安状况和参加施工单位的力量状况等。

（3）建设单位和设计单位提供的初步设计或扩大初步设计（技术设计）、施工图设计、建筑总平面和城市规划等资料文件；施工验收规范和有关技术规定。

2. 获得完整的设计图纸

为了能够按照施工图纸的要求顺利地进行施工，生产出符合设计要求的最终产品；为了能够在施工项目开工之前，使从事建筑设备施工技术和经济管理的工程技术人员充分地了解和掌握设计图纸的设计意图、特点和技术要求；通过审查发现设计图纸中存在的问题和错误，使其改正在施工开始之前，为施工项目的施工提供一份准确、齐全的设计图纸。

3. 熟悉、审查施工图纸的内容

审查施工图纸是否完整、齐全，以及施工图纸和设计资料是否符合国家有关工程建设的设计、施工方面的方针和政策；审查施工图纸与说明书在内容上是否一致，以及施工图纸与其各组成部分之间有无矛盾和错误；审查建筑总平面图与其他结构图几何尺寸、坐标、标高、说明等是否一致；审查地基处理与基础设计与拟建工程地点的工程水文、地质等条件是否一致，以及建筑物或构筑物与地下建筑物或构筑物、管线之间的关系；明确建设期限、分期分批投产或交付使用的顺序和时间，以及施工项目所需主要材料、设备的数量、规格、来源和供货日期。

4. 了解熟悉、审查施工图纸的程序

熟悉、审查施工图纸的程序通常分为自审阶段、会审阶段和现场签证等 3 个阶段。

(1) 施工图纸的自审阶段。施工单位收到施工项目的施工图纸和有关技术文件后，应尽快地组织有关的工程技术人员对图纸进行熟悉，写出自审图纸的记录。自审图纸的记录应包括对设计图纸的疑问和对设计图纸的有关建议等。

(2) 施工图纸的会审阶段。一般由建设单位主持，由设计单位、施工单位和监理单位参加，四方共同进行设计图纸的会审。图纸会审时，首先由设计单位的工程主设计人向与会者说明拟建工程的设计依据、意图和功能要求，并对特殊结构、新材料、新工艺和新技术提出设计要求；然后施工单位根据自审记录以及对设计意图的了解，提出对施工图纸的疑问和建议；最后在统一认识的基础上，对所探讨的问题逐一做好记录，形成"图纸会审纪要"，参加单位共同会签、盖章，由建设单位正式行文，作为与设计文件同时使用的技术文件和指导施工的依据，以及建设单位与施工单位进行工程结算的依据。

(3) 施工图纸的现场签证阶段。在拟建工程施工的过程中，如果发现施工的条件与设计图纸的条件不符，或者发现图纸中仍然有错误，或者因为材料的规格、质量不能满足设计要求，或者因为施工单位提出了合理化建议，需要对施工图纸进行及时修订时，应遵循技术核定和设计变更的签证制度，进行图纸的施工现场签证。如果设计变更的内容对拟建工程的规模、投资影响较大时，要报请项目的原批准单位批准。在施工现场的图纸修改、技术核定和设计变更资料，都要有正式的文字记录，归入拟建工程施工档案，作为指导施工、工程结算和竣工验收的依据。

5. 编制施工预算

施工预算是根据中标后的合同价、施工图纸、施工组织设计或施工方案、施工定额等文件进行编制的，它直接受中标后合同价的控制。它是建筑企业内部控制各项成本支出、考核用工、"两算"对比、签发施工任务单、限额领料、基层进行经济核算的依据。

6. 编制中标后的施工组织设计

中标后的施工组织设计是施工准备工作的重要组成部分，也是指导施工现场全部生产活动的技术经济文件。建筑设备施工生产活动的全过程是非常复杂的物质财富再创造的过程，为了正确处理人与物、主体与辅助、工艺与设备、专业与协作、供应与消耗、生产与储存、使用与维修以及它们在空间布置、时间排列之间的关系，必须根据拟建工程的规模、结构特点和建设单位的要求，在对原始资料调查分析的基础上，编制出一份能切实指导该工程全部施工活动的科学方案，即施工组织设计。

二、物资准备

材料、构（配）件、制品、机具和设备是保证施工顺利进行的物质基础，这些物资的准备工作必须在工程开工之前完成。编制各种物资的需要量计划，分别落实货源，安排运输和储备，使其满足连续施工的要求。

1. 物资准备工作的内容

物资准备工作主要包括建筑材料的准备、构（配）件和制品的加工准备、建筑安装机具的准备和生产工艺设备的准备。

（1）建筑材料的准备。建筑材料的准备主要是根据施工预算进行分析，按照施工进度计划要求，按材料名称、规格、使用时间、材料储备定额和消耗定额进行汇总，编制出材料需要量计划，为组织备料、确定仓库、场地堆放所需的面积和组织运输等提供依据。

（2）构（配）件、制品的加工准备。根据施工预算提供的构（配）件、制品的名称、规格、质量和消耗量，确定加工方案、供应渠道及进场后的储存地点和方式，编制出其需要量计划，为组织运输、确定堆场面积等提供依据。

（3）建筑安装机具的准备。根据采用的施工方案、安排的施工进度，确定施工机械的类型、数量和进场时间，确定施工机具的供应办法和进场后的存放地点和方式，编制建筑安装机具的需要量计划，为组织运输，确定堆场面积等提供依据。

（4）生产工艺设备的准备。按照施工项目工艺流程及工艺设备的布置图，提出工艺设备的名称、型号、生产能力和需要量，确定分期分批进场时间和保管方式，编制工艺设备需要量计划，为组织运输，确定堆场面积提供依据。

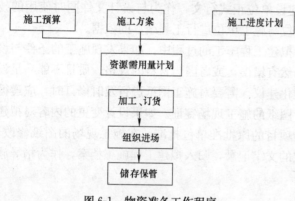

图 6-1　物资准备工作程序

2. 物资准备工作的程序

物资准备工作程序如图 6-1 所示。

（1）根据施工预算、分部（项）工程施工方法和施工进度的安排，拟定材料、构（配）件及制品、施工机具和工艺设备等物资的需要量计划；

（2）根据各种物资需要量计划，组织货源，确定加工、供应地点和供应方式，签订物资供应合同；

（3）根据各种物资的需要量计划和合同，拟定运输计划和运输方案；

（4）按照施工总平面图的要求，组织物资按计划时间进场，在指定地点，按规定方式进行储存或堆放。

三、劳动力组织准备

劳动力组织准备工作的内容如下：

1. 建立施工项目的领导机构

施工组织领导机构的建立应根据施工项目的规模、结构特点和复杂程度，确定项目施工的领导机构人选和名额；坚持合理分工与密切协作相结合；把有施工经验、有创新精神、有工作效率的人选入领导机构；认真执行因事设职、因职选人的原则。

2. 建立精干的施工队组

施工队组的建立要认真考虑专业、工种的合理配合，技工、普工的比例要满足合理的劳动组织，要符合流水施工组织方式的要求，确定建立施工队组（是专业施工队组，还是混合施工队组）要坚持合理、精干的原则；同时制定出该项目的劳动力需要量计划。

3. 集结施工力量、组织劳动力进场

工地的领导机构确定之后，按照开工日期和劳动力需要量计划，组织劳动力进场。同时要进行安全、防火和文明施工等方面的教育，并安排好职工的生活。

4. 向施工队组、工人进行施工组织设计、计划和技术交底

施工组织设计、计划和技术交底的时间在单位工程或分部（项）工程开工前及时进行，以保证项目严格地按照设计图纸、施工组织设计、安全操作规程和施工验收规范等要求进行施工。

施工组织设计、计划和技术交底的内容有：项目的施工进度计划、月（旬）作业计划；施工组织设计，尤其是施工工艺、质量标准、安全技术措施、降低成本措施和施工验收规范的要求；新材料、新技术和新工艺的实施方案和保证措施；图纸会审中所确定的有关部位的设计变更和技术核定等事项。交底工作应该按照管理系统逐级进行，由上而下直到工人队组。交底的方式有书面形式、口头形式和现场示范形式等。

施工队组、工人接受施工组织设计、计划和技术交底后，要组织其成员进行认真的分析研究，弄清关键部位、质量标准、安全措施和操作要领。必要时应该进行示范，并明确任务及做好分工协作，同时建立健全岗位责任制和保证措施。

5. 建立健全各项管理制度

工地的各项管理制度是否建立、健全，直接影响各项施工活动的顺利进行。有章不循其后果是严重的，而无章可循的后果更危险。为此，必须建立健全工地的各项管理制度，其内容通常包括：工程质量检验与验收制度；工程技术档案管理制度；建筑材料（构件、配件、制品）的检查验收制度；技术责任制度；施工图纸学习与会审制度；技术交底制度；职工考勤、考核制度；工地及班组经济核算制度；材料出入库制度；安全操作制度；机具使用保养制度等。

四、施工现场准备

施工现场的准备工作主要是为了给施工项目创造有利的施工条件和物资保证，其具体内容如下：

（1）生产生活用水。水是施工现场生产和生活不可缺少的。施工项目开工之前，必须按照施工总平面图的要求，接通施工用水和生活用水的管线，使其尽可能与永久性的给水系统结合起来，做好地面排水系统，为施工创造良好的环境。

（2）生产生活用电。电是施工现场的主要动力来源。施工项目开工前，要按照施工组织设计的要求，接通电力和电信设施，做好其他能源（如蒸汽、压缩空气）的供应，确保施工现场动力设备和通信设备的正常运行。

（3）建造临时设施。按照施工机具需要量计划，组织施工机具进场，根据施工总平面图将施工机具安置在规定的地点及仓库。对于固定的机具要进行就位、搭棚、接电源、保养和调试等工作。对所有施工机具都必须在开工之前进行检查和试运转。

（4）做好建筑构（配）件、制品和材料的储存和堆放。按照建筑材料、构（配）件和制品的需要量计划组织进场，根据施工总平面图规定的地点和指定的方式进行储存和堆放。

（5）及时提供建筑设备材料的试验申请计划。按照建筑设备材料的需要量计划，及时提供建筑设备材料的试验申请计划。如钢材的机械性能和化学成分等试验；混凝土或砂浆的配合比和强度试验等。

（6）做好冬雨期施工安排。按照施工组织设计的要求，落实冬雨期施工的临时设施和

技术措施。

（7）进行新技术项目的试制和试验。按照设计图纸和施工组织设计的要求，认真进行新技术项目的试制和试验。

（8）设置消防、保安设施。按照施工组织设计的要求，根据施工总平面图的布置，建立消防、保安等组织机构和有关的规章制度，布置安排好消防、保安等措施。

五、施工的场外准备

施工准备除了施工现场内部的准备工作外，还有施工现场外部的准备工作，其具体内容如下。

1. 材料的加工和订货

建筑材料、构（配）件和建筑制品大部分均必须外购，工艺设备更是如此。如何与加工部门、生产单位联系，签订供货合同，搞好及时供应，对于施工企业的正常生产是非常重要的。对于协作项目也是这样，除了要签订议定书之外，还必须做大量有关方面的工作。

2. 做好分包工作和签订分包合同

由于施工单位本身的力量所限，有些专业工程的施工、安装和运输等均需要向外单位委托。根据工程量、完成日期、工程质量和工程造价等内容，与其他单位签订分包合同，保证按时实施。

3. 向上级提交开工申请报告

当材料的加工、订货和作好分包工作、签订分包合同等施工场外的准备工作完成之后，应该及时地填写开工申请报告，并上报上级主管部门批准。

六、编制施工准备工作计划

为了落实各项施工准备工作，加强对其检查和监督，必须根据各项施工准备工作的内容、时间和人员，编制出施工准备工作计划。

施工准备工作计划如表 6-1 所示。

施工准备工作计划　　　　　　　　　　　　　　表 6-1

序　号	施工准备项目	简要内容	负责单位	负责人	起 止 时 间		备　注
					月、日	月、日	

综上所述，各项施工准备工作不是分离的、孤立的，而是互为补充、相互配合的。为了提高施工准备工作的质量，加快施工准备工作的速度，必须加强建设单位、设计单位、施工单位和监理单位之间协调工作，建立健全施工准备工作的责任制度和检查制度，使施工准备工作有领导、有组织、有计划和分期分批地进行，贯穿施工全过程的始终。

第二节　建筑设备工程施工组织设计概述

建筑设备施工组织就是针对项目施工的复杂性，研究工程建设的统筹安排与系统管理客观规律的一门科学，它研究如何组织、计划施工项目的全部施工，寻求最合理的组织管理方法。施工组织的任务是根据项目产品的要求，提供各阶段的施工准备工作内容，对人力、资金、材料、机械和施工方法等进行科学合理的安排，协调工程建设中各施工单位、各工种、各项资源之间，以及资源与时间之间的合理关系。在整个建设工程中，按照客观的技术、经济规律，做出科学、合理的安排，使项目施工取得最优的效果。

现阶段施工组织学科的发展特点是广泛利用数学、网络技术、计算技术等定量方法，应用现代化的计算手段——计算机，采取各种有效措施，对整个施工项目进行工期、成本、质量的控制，达到工期短、质量好和成本低的目的。

一、建筑设备施工组织设计的作用

通过施工组织设计的编制，可以全面考虑施工项目的各种具体施工条件，拟定合理的施工方案，确定施工顺序、施工方法、劳动组织和技术经济的组织措施，合理地统筹安排、拟定施工进度计划，保证施工项目按期投产或交付使用。建筑业企业可以提前掌握人力、材料和机具使用上的先后顺序，全面安排资源的供应与消耗；可以合理确定临时设施的数量、规模和用途，以及临时设施、材料和机具在施工场上的布置方案。

二、建筑设备施工组织设计的分类

施工组织设计按设计阶段、编制时间、编制对象范围、使用时间的长短和编制内容的繁简程度不同，有以下分类：

1. 按设计阶段的不同分类

施工组织设计的编制一般与设计阶段相配合。

（1）设计按两个阶段进行的场合

施工组织设计分为施工组织总设计（扩大初步施工组织设计）和单位工程施工组织设计两种。

（2）设计按三个阶段进行的场合

施工组织设计分为施工组织设计大纲（初步施工组织条件设计）、施工组织总设计和单位工程施工组织设计3种。

2. 按编制时间不同分类

施工组织设计按编制时间不同可分为投标前编制的施工组织设计（简称标前设计）和签订工程承包合同后编制的施工组织设计（简称标后设计）两种。

3. 按编制对象范围的不同分类

施工组织设计按编制对象范围的不同可分为施工组织总设计、单位工程施工组织设计、分部分项工程施工组织设计3种。

（1）施工组织总设计：施工组织总设计是以一个建筑群的建筑设备项目或一个建筑设备项目为编制对象，用以指导整个建筑群或一个建筑设备项目施工全过程的各项施工活动的技术、经济和组织的综合性文件。施工组织总设计一般在初步设计或扩大初步设计被批准之后，在总承包企业的总工程师领导下进行编制。

（2）单位工程施工组织设计：单位工程施工组织设计是以一个单位工程（一个交工系统）为编制对象，用以指导其施工全过程的各项施工活动的技术、经济和组织的综合性文件。单位工程施工组织设计一般在施工图设计完成后，在施工项目开工之前，由项目经理组织，在技术负责人领导下进行编制。

（3）分部分项工程施工组织设计：分部分项工程施工组织设计是以分部分项工程为编制对象，用以具体实施其施工全过程的各项施工活动的技术、经济和组织的综合性文件。分部分项工程施工组织设计一般与单位工程施工组织设计的编制同时进行，并由单位工程的技术人员负责编制。

施工组织总设计、单位工程施工组织设计和分部分项工程施工组织设计之间有以下关系：施工组织总设计是对整个建筑设备项目的全局性战略部署，其内容和范围比较概括；单位工程施工组织设计是在施工组织总设计的控制下，以施工组织总设计和企业施工计划为依据编制的，针对具体的单位工程，把施工组织总设计的内容具体化；分部分项工程施工组织设计是以施工组织总设计、单位工程施工组织设计和企业施工计划为依据编制的，针对具体的分部分项工程，把单位工程施工组织设计进一步具体化，它是专业工程具体的组织施工的设计。

三、建筑设备施工组织总设计的编制依据

为了保证施工组织总设计的编制工作顺利进行并提高质量，使施工组织设计文件能更密切地结合工程实际情况，从而更好地发挥其在施工中的指导作用，在编制施工组织总设计时，应以如下资料为依据：

1. 设计文件及有关资料

设计文件及有关资料主要包括建设项目的初步设计、扩大初步设计或技术设计的有关图纸、设计说明书、建筑区域平面图、建筑总平面图、建筑竖向设计、总概算或修正概算等。

2. 计划文件及有关合同

计划文件及有关合同文件主要包括国家批准的基本建设计划、可行性研究报告、工程项目一览表、分期分批施工项目和投资计划；地区主管部门的批件；招投标文件及签订的工程承包合同；工程材料和设备的订货指标；引进材料和设备供货合同等。

3. 技术经济资料

建设地区技术经济条件包括可能为建设项目服务的建筑安装企业、预制加工企业的人力、设备、技术和管理水平；工程材料的来源和供应情况；交通运输情况，水、电供应情况；商业和文化教育水平和设施情况等。

4. 现行规范、规程和有关技术规定

国家现行的施工及验收规范、操作规程、定额、技术规定和技术经济指标。

5. 类似建设项目的施工组织总设计和有关总结资料

四、建筑设备工程施工组织总设计流程

建筑设备工程主要包括空调系统工程、给水排水系统工程、消防系统工程、电气系统工程、弱电系统工程和楼宇系统工程等多个单位工程。施工单位可能中标其中的一项或多项，也可能全部中标。施工单位需要将上述单位工程编制独立的施工组织设计，但设计流程基本相同。建筑设备工程施工组织总设计通常按照图6-2所示的流程进行编制。

熟悉设计资料进行实地调查研究的目的是分析工程概况和施工特点、重点、难点及解决对策，这项工作非常重要。

确定施工部署就是确定目标部署、部署原则、施工组织与配合、拟定主要项目施工方案与施工流水段划分、估算工作量、施工任务划分与组织安排。

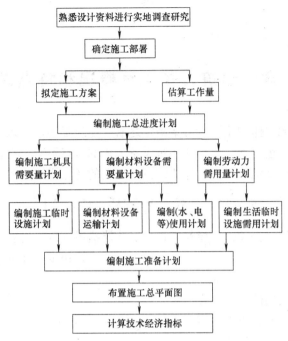

图 6-2 建筑设备工程施工组织总设计流程

制定施工准备工作计划就是安排编制施工总进度计划、材料需求量计划、施工机具需要量计划、劳动力需求量计划、施工资源总需要量计划等工作的时间计划。

建筑设备工程主要技术经济评价指标是指设备容量、消防负荷、总用水量、总排水量、总热负荷和主要工程量等。

在进行施工组织总设计时，针对工程特点，还要说明主要施工方法及技术措施、工程施工进度目标控制措施、工程施工质量目标控制措施、成品保护措施、施工安全目标控制措施、工程交付、服务与保修等相关内容。

第七章 建筑设备工程概况和特点说明

当一个建设项目的整体初步设计方案确定之后，建筑工程、建筑设备工程概况和特点经过仔细分析后就能描述出来。不同的建筑设备工程的特点不同，它直接影响编制施工组织设计。本章结合实际案例，重点讲述建筑设备工程的特点描述方法。

第一节 建筑工程概况、特点说明

建筑设备工程的描述必须结合建筑工程概况才能描述清楚，所以本节首先结合实际案例讲述建筑工程概况的描述方法。当一个建设项目的建筑初步设计方案确定之后，建筑工程概况就能描述出来。

一、建筑工程概况描述

建筑工程概况主要包括以下内容：

1. 建筑基本情况

建筑基本情况包括建筑占地面积、总建筑面积、高度、楼层、楼层功能规划、结构体系等。

2. 自然环境条件

自然环境条件主要是指地理位置、工程环境条件等。

3. 技术经济指标

技术经济指标主要包括结构体系、运输设备布置、主要工程量、投资总额、开工日期、结构封顶、竣工日期等。

4. 业主单位说明

5. 设计单位说明

6. 监理单位说明

7. 总包施工单位说明

二、工程特点说明

工程特点说明主要针对设计特点、材料设备特点、施工特点进行说明。

【例7-1】 以刚刚竣工的上海环球金融中心为例。该建筑物以办公为主，集商贸、宾馆、观光、展览及其他公共设施于一体的大型超高层建筑。位于作为亚洲国际金融中心而备受瞩目的上海市浦东新区陆家嘴金融贸易中心区。

1. 建筑工程概况（见图7-1～图7-3）

地块面积：30000m²；

建筑占地面积：14400m²；

总建筑面积：381600m²；

高度：492m；

楼层：地上101层；

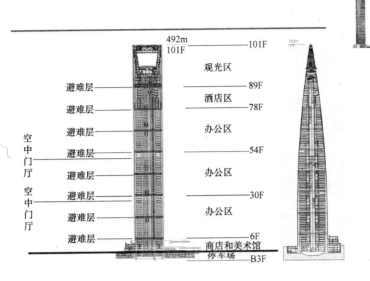

图 7-1 楼层功能区规划

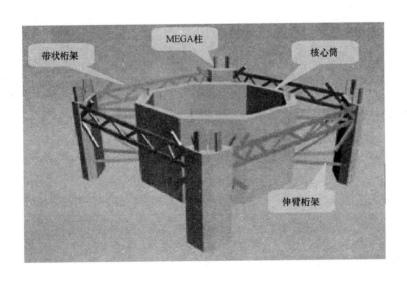

图 7-2 结构体系

地下 3 层；

楼层功能区规划：1～5F 为商店、美术馆，

6～30F、31～53F、54～77F 为 3 个办公区，

78～88F 为酒店区，89～101F 为观光区；

地下 3 层为停车场。

工程环境条件：

工程环境条件详见表 7-1。

图 7-3　地理位置

工程环境条件　　　　　　　　　　　　　　　　　表 7-1

夏　季	冬　季
极端温度(干球):38.5℃;	冬季极端温度(干球):−1.9℃;
最热月份平均温度(干球):32.4℃;	最冷月份平均温度(干球):−0.6℃;
夏季通风温度(干球):31℃;	温度≤5℃的总天数:每年 62d
相对湿度最热月份平均值:82%;	相对湿度最冷月份平均值:41%;
最大雨量:每小时 93mm;	
冬季风速:1.8m/s.	夏季风速:2.1m/s

抗震基本烈度(中国标准):10 级;
电压:380V 供三相设备,220V 供单项设备;
频率:50Hz;
电压波动:±10%正常数值;
频率波动:±2%正常数值

电梯布置:

双轿厢电梯最快电梯速度为 10m/s（见图 7-4）

主要工程量:

基桩:2129 根（直径 700mm 钢管桩,最长达 84m）;

混凝土:约 24 万 m³;

土方量:约 26 万 m³;

钢筋:约 4.7 万 t;

幕墙:9.5 万 m²;

电梯:91 部,扶梯 35 部;

钢结构安装:7.0 万 t;

ALC 板:14.4 万 m²（约 8t）;

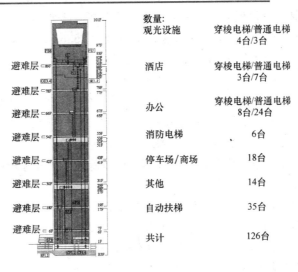

数量：	
观光设施	穿梭电梯/普通电梯 4台/3台
酒店	穿梭电梯/普通电梯 3台/7台
办公	穿梭电梯/普通电梯 8台/24台
消防电梯	6台
停车场/商场	18台
其他	14台
自动扶梯	35台
共计	126台

图 7-4　电梯布置图

10t/h 燃油/气锅炉 6 台、冷冻机组 8 台；

10kV 变电所 9 座、10kV 2500kVA 应急发电机组 4 台；

垂直运输量约 20 万 t（其中约 9 万 t 使用塔吊）。

投资总额：80 亿（人民币）。

开工日期：2004 年 11 月 12 日。

结构封顶：2007 年 9 月 9 日。

竣工日期：2008 年 5 月 23 日。

总工期：42 个月。

业主：上海环球金融中心有限公司。

总包：中国建筑工程总公司，

上海建工（集团）总公司。

设计：KPF 建筑师事务所（美），入江三宅设计事务所（日），构造计划研究所（日），赖思里·罗伯逊联合股份公司（美），建筑设备设计研究所（日），华东建筑设计研究院，中国船舶总公司第九设计院，中国建筑总公司上海设计院。

总包：中国建筑工程总公司，上海建工（集团）总公司。

2. 工程特点说明

（1）设计特点

上海环球金融中心新建工程 101 层，高 492m，是世界最高的建筑之一，其施工技术、建筑质量均需达到世界先进水平。该工程造型独特，变截面多，建筑物垂直偏差控制极为重要。

（2）施工特点

1）该工程底板混凝土约 5.63 万 m²，厚度为 4.5m、4.0m、2.5m、2.0m，外筒（地

下室）墙厚为 1.4~3.4m，核心筒的墙厚为 1.8m，均为超大体积混凝土。大体积混凝土的施工组织与管理、混凝土的防裂控制措施，对保证工程质量和进度至关重要。

2）492m 的结构实体高度将给高强度混凝土泵送等带来挑战。巨型柱、巨型斜撑内浇筑大流态混凝土也是保证本工程总体施工质量的一个重点。

3）该工程裙房地下室采用逆作法，土方量达 25.63 万 m³，工程量大，土方开挖期间对保证周边环境安全及逆作施工安全有很高要求。

4）钢结构安装总重量约 7 万 t，钢构件截面大、单件重、连接复杂。塔楼顶部扇形结构新颖、复杂，安装控制要求高，超高空作业必须有特殊的安全防护措施。

5）该工程设置 3 台大型内爬式塔吊，期间要爬升 67 次、在 398m 高空移位 2 台/次。危险系数高，难度大，且封顶后要在高空进行塔吊拆除。

6）100mm 厚钢板焊接及高空焊接部位环境差，防护处理难度大。

（3）材料设备特点

1）该工程的分包商、供应商众多，施工交叉作业多、机电设备和装饰的标准高、境外大宗材料设备采购量大，总包管理和协调的难度极大。

2）占该工程总量 31%、约 14 亿的机电设备采用 EPC 模式，所以对承建企业的设计、采购能力是一个严峻的考验。

3）该工程机电设备复杂，仅电梯就 126 部。尤其是采用每 12 层为一个完整、封闭的机电系统，共分为 8 大系统，可将故障影响范围限制在 12 层以内。其地下 2 层为大楼的"心脏"。装有 3 回路 35kV 变电设备、10kV 配电设备、4 台 10kV 2500KVA 应急发电机组、6 台 10t/h 的油气锅炉、8 台制冷机组等设备。

第二节　空调工程概况、特点说明

建筑设备工程概况描述的内容主要包括系统介绍、主要设备性能、安装位置、数量等。

建筑设备工程特点说明的内容主要包括施工量、施工工期、设计要求、设备安装及调试、物流组织、运输量、成品保护、环境保护、抗震等。

针对建筑设备工程的特点提出工程重点、难点及解决对策。

以【例 7-1】进行空调工程概况、特点说明。

一、空调工程概况

1．裙楼空调水系统

区域范围：B3F~5F 和管井立管的所有空调水系统。

空调水系统包括冷却水系统、冷冻水系统、蒸汽系统、热水系统、配套服务的水处理系统。设备概要如表 7-2 所示。

表 7-2 中两台离心式冷水机组以及为之服务的冷却塔暂不安装，但是相关管路需预留到位。

（1）冷水系统（冷源）

图 7-5 所示为大厦冷水系统示意图，10 台冷水机组均安装在地下 2 层冷水机房，其中的 7 台离心式机组（其中 2 台后装）为高压（10kV）供电；另外 3 台为吸收式机组。

裙楼空调水系统设备　　　　　　　表 7-2

机组类别		规　格	数量(台)	安装位置	备　注
冷水机组	离心式	冷量 1500RT	7	B2F	2 台后装,10KV
	吸收式	冷量 1500RT	3	B2F	
冷却塔		水量 1180t/h	7	4FRF	2 台后装
		水量 1500t/h	3	4FRF	
蒸汽锅炉	燃气型	出力 9600kg/h	6	B3F	
换热器	水-水交换器	冷量:5400kW	3	B3F	供 B3~5F
	汽-水交换器	热量:1600kW	2	B3F	供 B3~5F

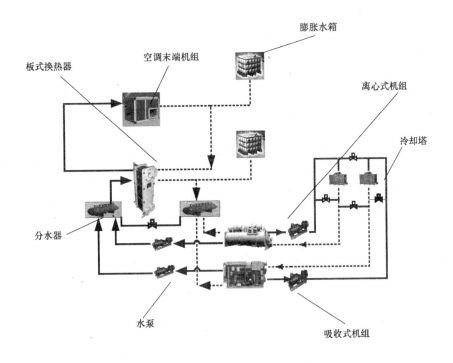

图 7-5　冷水系统示意图

　　一次冷冻水系统水温差为 7℃（6/13℃）。由于超高层水系统减压需要,所有空调末端所用冷冻水均采用二次冷水系统,一、二次冷冻水由设于各设备层的水-水换热器进行热交换。

　　冷却水分为两个系统,10 台冷却塔安装在 4 楼屋顶为冷水机组提供冷却水,冷却水温差为 6℃（32/38℃）,冷却水系统各配置 1 套水处理设备。

　　（2）蒸汽系统（热源）

　　图 7-6 所示为大厦蒸汽系统示意图。6 台燃气蒸汽锅炉安装在 B3 层,生产 0.8MPa 的高压蒸汽进入高压分汽缸;一部分高压蒸汽直接供吸收式制冷机组和塔楼空调;另外一

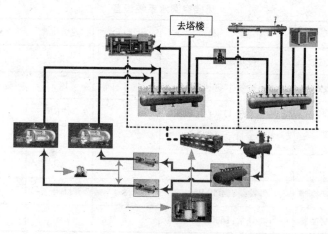

图 7-6　蒸汽系统示意图

部分高压蒸汽经减压阀组减压，由 0.8MPa 的高压蒸汽减为 0.2MPa 的低压蒸汽；低压蒸汽进入低压分汽缸，供低区空调系统等。

低压蒸汽一部分供空调末端加湿器，另一部分通过设于各设备层的汽-水热交换器与空调热水系统进行热交换。热水的供回水温度根据分区各不相同，其中低区热水温度为 50～43℃。

2. 高区空调水系统

本工作区域范围：6F 以上所有空调水系统，包括冷冻水系统、蒸汽系统、热水系统、凝结水系统等。

空调水主要设备有板式换热器 39 台、水泵 58 台、集水器和分水器 25 台、分汽缸 1 台、开式膨胀水箱 13 台、闭式膨胀水箱 4 台。6F、18F、30F、42F、54F、66F、78F、89F 为设备层，空调水系统设备均集中设于设备层。

空调末端设备包括空调机、风机盘管等。根据功能不同，水系统采用两管制和四管制两种形式；加湿系统采用蒸汽加湿和电加湿两种形式。空调末端的具体分布见"空调风系统"的"图一高区设备示意图"。

6～78F 为办公区，79～88F 为酒店，89F 至顶层为观光区，酒店空调系统暂未设计。

（1）冷水系统

冷水系统配置情况详见表 7-3。

高区空调水系统设备　　　　　　　　　　　　　　　　　　　表 7-3

系　统	水-水换热器	冷冻水泵	位　置	备　注
7～17F	3	4	6F	冷冻站一次冷冻水为冷源
19～29F	3	4	18F	冷冻站一次冷冻水为冷源
31～41F	3	4	30F	冷冻站一次冷冻水为冷源
43～58F	3	4	42F	冷冻站一次冷冻水为冷源
59～78F	3	4	42F	冷冻站一次冷冻水为冷源

系 统	水-水换热器	冷冻水泵	位 置	备 注
78～100F	3	4	42F	冷冻站一次冷冻水为冷源
89F 以上	3	4	89F	利用 78～100F 系统冷冻水作为冷源
92F 地板采暖	2	2	90F	利用 89F 系统冷冻水作为冷源

79～88F 部分仅 83F 有 2 台 AHU，其他预留。

（2）蒸汽系统（热源）

蒸汽系统配置情况详见表 7-4。

高区热源设备 表 7-4

系 统	汽-水换热器	热水水泵	位 置	备 注
7～17F	2	4	6F	锅炉房高压蒸汽为热源
19～29F	2	4	18F	锅炉房高压蒸汽为热源
31～41F	2	4	30F	锅炉房高压蒸汽为热源
43～52F	2	4	42F	锅炉房高压蒸汽为热源
53～65F	2	4	54F	锅炉房高压蒸汽为热源
67～77F	2	4	66F	锅炉房高压蒸汽为热源
89F 以上	2	3	89F	高压蒸汽在 78F 减压后作为热源
92F 地板采暖	2	2	90F	利用 89F 系统热水为热源

高区空调热源由锅炉房高压蒸汽提供，高压蒸汽在各设备层减压为低压蒸汽。一部分供空调末端加湿器；另一部分通过设于各设备层的汽-水热交换器与空调热水系统进行热交换。热水的供回水温度根据分区各不相同。79～88F 由锅炉房单独提供高压蒸汽热源。

3. 裙楼空调通风系统

（1）空调风系统

低区共有空调机约 66 台，分体式空调机 8 台，风机盘管 179 台，风机 227 台。大楼空调送风采用变风量末端控制系统（VAV）。温度传感器采集室内数据与设定温度比较，由自控系统自动调节末端送风量，达到室内温度恒定。新风/排风采用 CAV 系统，定风量控制器根据风量设定值与风量测量值的偏差，比例调节末端风阀，控制末端新（排）风量，以减小风量偏差，从而保证大楼各区域足够的新风和换气次数。室外新风经预处理或直接进入空调箱和回风混合，通过盘管系统换热后送入空调区域，吊顶回风管道和排风系统并联，通过阀门调节回排风比例。

如图 7-7 所示为空调与通风示意图。

（2）防排烟系统

部分排风和排烟共用主管（EA，SA 兼用），平时排风，火灾时排烟。楼梯间及前室设正压送风，楼梯间每 3 层设一自垂百页送风，前室每层设一个送风口，并带防火阀和消防报警系统联动控制。地下车库设诱导风系统，保证车库新风及减少汽车尾气。车库各防火分区下设排烟分区，通过板式排烟口局部排烟，在附近结构柱上设报警按钮，与排烟口及排烟风机联动，紧急情况可手动启动系统排烟。见图 7-8 所示为防排烟设备控制图。

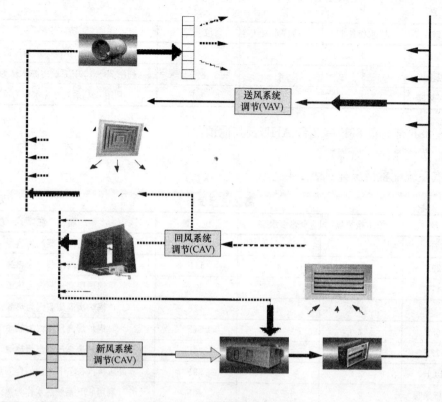

图 7-7　空调与通风示意图

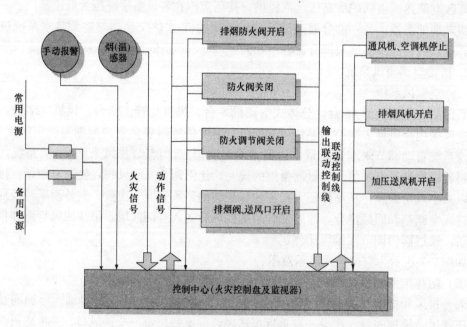

图 7-8　防排烟设备控制图

该工程采用的防火部件分防火阀、排烟阀、板式排烟口 3 大类，分别用于 3 种系统。由于各系统使用频率和条件不同，为节约空间和成本，各系统相互交融，部分管道共用。

通风及空调系统管道中安装防火阀，平时呈开启状态，阀门的阀板使用易熔丝悬吊，成水平偏下54°状态。当火灾发生烟气温度达到70℃时，易熔片熔断，阀板靠自重力作用关闭，从而隔断气流，阻止火势蔓延。此易熔片断开后，必须更换新片，然后手动复位使阀板恢复开启状态，该系统融于空调通风系统中。

排烟系统的风管上和排烟风机的吸入口处装有排烟防火阀，平时关闭。当发生火情时，烟感探头发出火警信号，阀门受预选择的控制功能驱动，使叶片受弹簧力作用自动开启，并输出开启电信号，同时联动排烟风机启动排烟，通风空调停机。当烟气温度达到280℃时，温度传感器动作，控制机构驱动阀门关闭，联锁排烟风机停机，以隔断气流，阻止火势蔓延。

地下车库单设板式排烟口，排烟口安装在车库通道上的排烟风管上，每个排烟分区设一个板式排烟风口，分区内结构柱上设手动报警按钮。风口平时常闭，当火情发生时，烟感探头发出火警信号，排风口受预先设置的控制功能驱动开启，并输出开启信号，同时联动排烟风机启动、通风空调停机，当火灾及早发现而系统尚未启动时，可手动报警。防火排烟口由排烟口再增装一个温度传感器组成。当烟气温度达到280℃时，温度传感器动作，排烟口自动关闭联锁排烟风机停机，隔断气流，阻止火势蔓延。

4. 高区空调通风系统

（1）空调风系统

高区楼层内设新风系统、空调回风系统、排风系统、排烟系统、加压送风系统，共有空调机组376台（AHU，OHU），通风机296台。整个高区设计空调送风系统分为7个区，大部分机组集中设于设备层，按设备层分布进行区域划分，区域划分及设备分布见图7-9。

新风由竖井内立管引入，进空调机组与办公室空调回风混合处理后送出；大部分空调机组设置在设备层，送、回风由各立管送入各相应的楼层，回风管与新风管各设置定风量控制器进行调节，以控制新、回风混合比例，回风和空调区域排风系统并联，通过阀门调节回、排风比例。空气处理系统运行方式如图7-10所示。

空调送风采用变风量末端控制系统（VAV），根据温感器采集室内数据与设定值比较，由自控系统自动调节末端送风量，达到室内温度恒定。新风/排风采用CAV系统，其风量设定为定值，定风量控制器根据风量设定值与风量测量值的偏差，比例调节末端风阀，控制末端新（排）风量，以减小风量偏差，从而保证大楼各区域足够的新风和换气数。

（2）防排烟系统

办公室设排风、排烟合用系统，平时排风，火灾时排烟；内走道、卫生间设独立的排风系统，风机设于各设备层，经竖井内排风立管排出，排风系统分区与空调送风系统相同；消防前室及楼梯间设加压送风，风机设于各设备层，经竖井内送风立管送入前室，与消防报警系统联动控制。

火灾发生烟气温度达到70℃时，防火阀关闭隔断气流，阻止火势蔓延；探头发出火警信号，排烟阀开启，并输出开启电信号，通风空调停机，同时联动排烟风机启动排烟；当烟气温达到280℃时，温度传感器动作，控制机构驱动阀门关闭，联锁排烟风机停机，

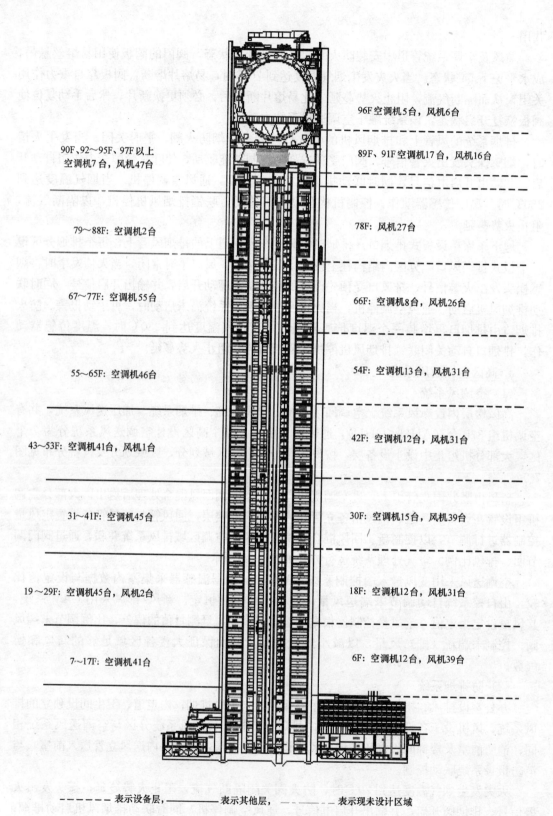

96F 空调机5台，风机6台

90F、92～95F、97F以上
空调机7台，风机47台

89F、91F空调机17台，风机16台

79～88F: 空调机2台

78F: 风机27台

67～77F: 空调机55台

66F: 空调机8台，风机26台

55～65F: 空调机46台

54F: 空调机13台，风机31台

43～53F: 空调机41台，风机1台

42F: 空调机12台，风机31台

31～41F: 空调机45台

30F: 空调机15台，风机39台

19～29F: 空调机45台，风机2台

18F: 空调机12台，风机31台

7～17F: 空调机41台

6F: 空调机12台，风机39台

- - - - - 表示设备层，————表示其他层， ———— 表示现未设计区域

图 7-9　高区设备分布示意图

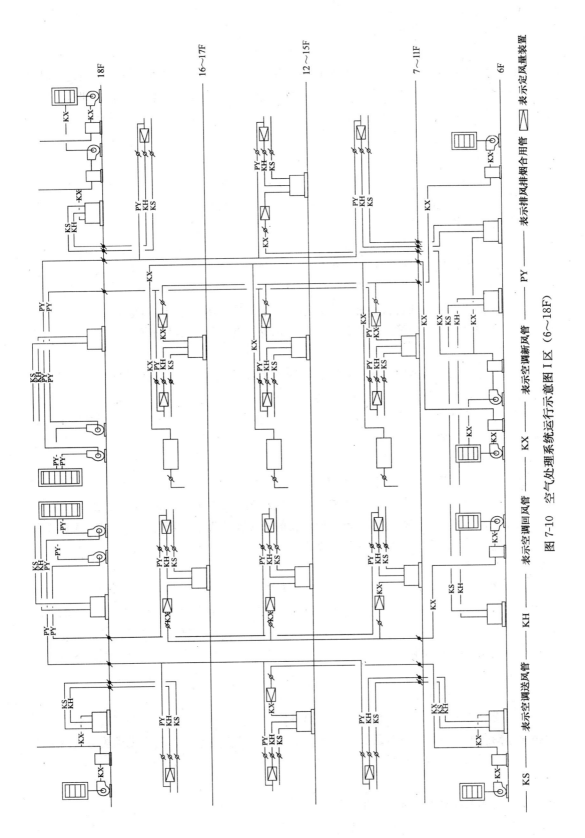

图 7-10 空气处理系统运行示意图 I 区（6~18F）

KS —— 表示空调送风管　　KH —— 表示空调回风管　　KX —— 表示空调新风管　　PY —— 表示排风和排烟合用管　　▭ 表示定风量装置

以隔断气流，阻止火势蔓延。

5. BA 系统

该工程 BA 系统对冷水机组、锅炉机组、热交换器、水泵、定风量空调系统、变风量空调系统、风机盘管、防排烟设备等运行参数的监测、自动控制、联锁控制。即对大楼所有中央空调以及冷冻站、锅炉房、高区的所有空调系统以及通风系统进行集中监视控制，使之处于可靠、经济的运行中。

二、空调工程特点分析

1. 系统齐全，设备多，施工量大

该工程为智能化超高层建筑，包含了空调水、风系统，锅炉系统，蒸汽系统，防排烟、人防系统，冷却水系统，BAS 控制系统等。

2. 施工工期短

由于地下室采用逆作法，地下室低区空调安装工作展开较晚，工期压力大。

3. 设计量大

该工程设计由承包商自行负责，必须绘制详细的施工图以指导施工。例如钢结构加工前的预留孔的定位、机房管线布置、吊顶管线布置、具体的安装大样等。

4. 施工环境复杂

该工程地处陆家嘴金融贸易开发区。特殊的地理位置对施工（环境保护、物流组织、施工时间等）提出更高的要求；狭小的场地给施工（成品保护、半成品加工、垂直运输等）带来很大的难度；参建厂商多，现场的协调配合难度大。以上对施工组织和施工部署提出了更为严格的要求。

5. 设备吊装难度大

该工程有大量设备需要吊装，其中难度最大的是 B2F 冷水机组、B3F 蒸汽锅炉的吊装就位，每台设备均有 20t 以上（其中吸收式机组为 30t 左右），并且复杂的结构（吊装孔紧靠车道，各制冷机标高不一致）给设备的吊装就位带来一定的难度。其他大型设备有：换热器、集水器、分水器、软化水设备等。

6. 管井空调立管的安装

大口径立管包括：DN1000 的冷却水管从 B2F 到 4F 屋面，DN650 的冷冻水管从 B2F 到 42F 设备层，DN300 的高压蒸汽供管从 B3F 到 78F 设备层，78F 到 89F 以上有 DN300 的冷冻水立管等。如果按常规施工即结构完成进行管道安装，管道的每段长度完全受制于结构层高限制，必须在狭小的管井中进行大量的吊装、焊接工作。施工难度大，并且难以保证施工质量和施工工期。

7. 超高层建筑的特点

支吊架的防振设计与安装蒸汽管道的热补偿；设备安装的防振；由于管道工作压力不同必须选择合理的方式进行分段试压；大量的试压、冲洗用水的再利用或排放必须系统考虑。各专业设备、材料必须协调次序吊装；施工人员如何在最短的时间进入施工区域等。

三、空调工程重点、难点的解决措施

针对该工程的特点，准备三步措施进行对应，详见表 7-5。

空调工程重点、难点及解决措施 表 7-5

特　点	应对措施 1	应对措施 2	应对措施 3
施工量大	使用先进机械(如:风管自动生产线);使用熟练工人	场外工厂化加工;场内流水化装配	动态管理;全方位管理
施工工期紧	编制分级进度计划	动态检测、调整补救(施工中实施滚动计划,及时调整)	对劳动力实时监控对工效实时分析
深化设计要求高	使用先进软件充实设计人才	成立专家顾问团	加强与相关方沟通;积极参与各专业图纸会审
物流组织复杂	选择进场路线、时间	协调社会关系	制定合理的采购流程
环境保护	场外加工、场内装配	完善现场的环保措施	
垂直运输量大	及时报送运输计划	小件集合吊装	
成品保护困难	增加保护投入	加强人员教育,合理安排作业顺序	设备保险
空调立管安装	与钢结构同步吊装	永久或临时固定	
空调设备安装	编制合理安装方案	谨慎组织吊装	设备保险;人员保险
系统试压冲洗	用水的循环利用	制定安全保证措施	编制周密试压、冲洗方案
高层抗震	详细的抗震计算	合理的抗震选型	精确的抗震工艺

第三节　给水排水工程概况、特点说明

以【例 7-1】为例,主要介绍系统功能、设备器具分布、管材使用情况等给水排水工程概况、工程施工特点、施工重点、难点和对应的解决措施。

一、给水排水工程概况

给水排水工程包括饮用水给水系统、杂用水给水系统、热水给水系统、污/废水排水及透气管系统、雨水系统等。主要设备安装包括管道及各种阀部件的安装、卫生间安装、电热水器、变频供水设备、水泵及水箱(池)等设备的安装。具体各设备间及主要设备的分布如表 7-6 所示。

给水排水系统主要设备的分布 表 7-6

设备间名称	位　置	设备间数量	设备种类	设备数量
给水泵房	B3F、18F、66F	6	多级离心泵	28
	B3F		变频供水设备	3
给水泵房	78F、89F	2	变频供水设备	4
水箱间	B3F、18F、30F、42F、54F、66F、78F、89F	8	不锈钢水箱	16
	B3F		混凝土水池(2130m³)	2
污/废水集水坑	污/废水、雨水和井水集水坑		潜水泵	146
	废水集水坑		离心排水泵	2
卫生间	组装式卫生间	163	卫生器具	1211
			电热水器	124
	非组装式卫生间	143	卫生器具	620
			电热水器	106

给水排水工程相当大的工作量集中在卫生间以及卫生器具的安装，卫生间及主要器具的分布如图 7-11 和图 7-12 所示。给水排水工程各系统的主要管材如表 7-7 所示。

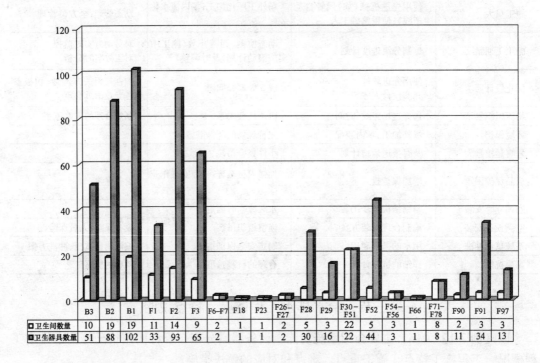

	B3	B2	B1	F1	F2	F3	F6—F7	F18	F23	F26—F27	F28	F29	F30—F51	F52	F54—F56	F66	F71—F78	F90	F91	F97
卫生间数量	10	19	19	11	14	9	2	1	1	2	5	3	22	5	3	1	8	2	3	3
卫生器具数量	51	88	102	33	93	65	2	1	1	2	30	16	22	44	3	1	8	11	34	13

图 7-11　非组装式卫生间数量分布表

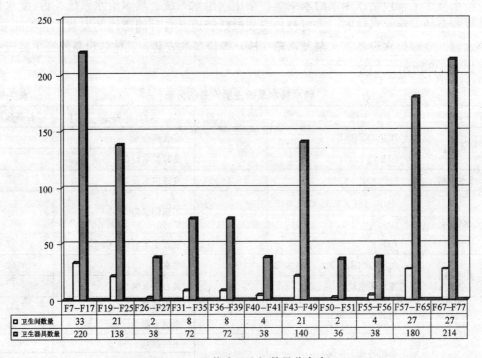

	F7—F17	F19—F25	F26—F27	F31—F35	F36—F39	F40—F41	F43—F49	F50—F51	F55—F56	F57—F65	F67—F77
卫生间数量	33	21	2	8	8	4	21	2	4	27	27
卫生器具数量	220	138	38	72	72	38	140	36	38	180	214

图 7-12　组装式卫生间数量分布表

84

序号	项目	管材及做法			备注
		部 位	管 材	连 接 方 式	
1	室内冷水给水	饮用和杂用水给水管	薄壁不锈钢管	$DN15\sim DN60$ 卡压式连接	
				≥75 TIG焊接、法兰	
2	生活热水管		铜管	插入式钎焊 ≤32 软钎料 ≥40 硬钎料	
3	生活污/废水管	排水立管及主干管	机制铸铁管	柔性连接	
		排水支管	硬聚氯乙烯管	粘接	
		泵送压力排水管	热浸镀锌钢管	≤80 螺纹连接	
				≥100 焊接、法兰	
4	透气管		热浸镀锌钢管	≤80 螺纹连接	
				≥100 焊接、法兰	
5	雨水管		热浸镀锌钢管	≤80 螺纹连接	
				≥100 焊接、法兰	
6	人防部分	人防给水管道	涂塑钢管	≤80 丝扣连接	
		人防洗消排水管道	给水铸铁管	≤150 水泥捻口	
		人防加压排水管道	热镀锌钢管	≤80 焊接连接	
7	室外管	室外排水管	离心钢筋混凝土管	水泥砂浆抹口	
8	管道穿墙壁及楼板	给排水管道穿防火楼板、墙及隔墙,应设套管。套管顶部高出完成地面20mm,厨房、卫生间高出地面50mm。安装在墙壁上的套管端头应与饰面相平,套管与管道之间填实			
		管道穿地下室防水墙、有防水要求的墙及楼板应做防水套管			
		所有穿人防防护墙的水管均在防护墙内侧加密闭阀			

序号	项目	保温类型	管径(mm)	玻璃棉(mm)	备注
9	管道保温	给水管防结露保温: 室内明露部分(起居室、走廊);顶棚、管道竖井、墙内夹层;地板下、暗沟、潮湿处、室外明露部分、机房	15～80	20	
			100～150	25	
			200	40	
			250、300以上	50	
		生活热水管防冻保温:室内明露部分(起居室、走廊);顶棚、管道竖井、墙内夹层;地板下、暗沟、潮湿处、室外明露部分、机房	15～20	20	
			25～65	25	
			80	30	
			100～150	40	
			200、250、300以上	50	
		排水、雨水防结露保温: 室内明露部分(起居室、走廊);顶棚、管道竖井、墙内夹层;地板下、暗沟、潮湿处、室外明露部分、机房	15～80	20	其中雨水管有电伴热保温
			100～150	25	
			200	40	
			250、300以上	50	

序号	项目	管材及做法			备注
		部　位	管　材	连接方式	
10	防腐	安装前管道、管件、支架、设备等涂底漆前必须清除表面灰尘污垢、锈斑、焊渣、油脂等物，必须清除内部污垢和杂物。此道工序合格后方可刷涂			
		对于暴露部位的设备、管道、管件、支架等进行表面预处理后涂防腐底漆两道，第一道防腐底漆应在安装时涂好，试压合格后再涂第二道防腐底漆，然后涂面漆一道。对于隐蔽部位的设备、管道、管件、支架等涂刷防腐底漆两道			
		埋设和暗设的给杂用水管均刷沥青漆两道（给排水铸铁管有漆者可不再刷漆）			

二、给水排水工程特点分析

该工程为超高层的综合性建筑，建筑面积较大，给水排水标段的工程特点鲜明，主要表现在以下几个方面：

（1）各系统的管道材质较多，使用了诸如不锈钢管道、铜管、机制柔性铸铁管、硬聚氯乙烯管、镀锌涂塑钢管等多种材质，各种管道的施工工艺各有特点，质量要求又较高、较先进。

（2）由于该工程属于超高层建筑，各系统竖向分区较多，设备及设备间较多。

（3）由于该工程属于超高层建筑，给水排水立管安装工程量较大，管道及设备安装的抗振、减振要求高，管道支吊架的设计、安装是管道安装过程中的重点。

（4）该工程现场场地狭小，建筑高度很高，施工过程中垂直运输工作量大，故给水排水管道提前预制加工的能力要强，卫生间也需要统一加工、组装式安装。

（5）该工程属世界性建筑，既要实现设计概念，又要符合我国政府和上海市的有关施工要求，同时还必须解决现场管线、设备的合理布置和满足工厂预制加工的要求，施工现场必须做好深化设计、加工详图的设计。

（6）该工程使用的施工承包商将大大多于普通高层建筑，各专业或各标段专业承包商的配合、协调，施工场地、作业面、垂直运输设备以及施工进度等的统一安排、组织都将是一项巨大的工程，需要很高超的组织管理艺术和强烈的工程整体观念。

三、给水排水工程重点、难点的解决措施

针对该工程的特点，准备三步措施进行对应，详见表7-8。

给水排水工程重点、难点及解决措施　　　　　表 7-8

特　点	应对措施1	应对措施2	应对措施3
管材种类多	编制专项作业指导书	规范管道安装工艺	材料设备的送审和采购
施工量大、施工工期紧	编制分级进度计划	立体交叉作业	对劳动力实时监控 对工效实时分析
深化设计要求高	使用先进软件 充实设计人才	成立专家顾问团	加强与相关方沟通；积极参与各专业图纸会审
物流组织复杂	选择进场路线、时间	协调社会关系	制定合理的采购流程
环境保护	场外加工、场内装配	完善现场的环保措施	
垂直运输量大	及时报送运输计划	小件集合吊装	

特　　点	应对措施 1	应对措施 2	应对措施 3
成品保护困难	增加保护投入	加强人员教育,合理安排作业顺序	设备保险
立管安装	与钢结构同步吊装	永久或临时固定	
设备安装	编制合理安装方案	谨慎组织吊装	设备保险;人员保险
系统试压冲洗	用水的循环利用	制定安全保证措施	编制周密试压、冲洗方案

第四节　消防工程概况、特点说明

以【例 7-1】为例,该建筑按照国家消防规范要求设计自动喷洒系统、消火栓系统、CO_2 灭火系统和 FM200 灭火系统。其中 CO_2 灭火系统主要设置区域为高压变电站、配电房、发电机房和锅炉房;FM200 灭火系统主要设置区域为通信机房。

一、消防系统概况

消防系统概况主要介绍每个灭火系统简图、设置区域、各个灭火系统的主要管材、管道采用的连接方式、主要设备分布情况和自动喷淋系统的分区及报警阀的分布状况。

1. FM200 灭火系统简介

该建筑物共有 6 个通信机房。按照国家消防规范要求,这 6 个通信机房配置 FM200 灭火系统,FM200 气瓶间设在地下二层,系统简图如图 7-13 所示。

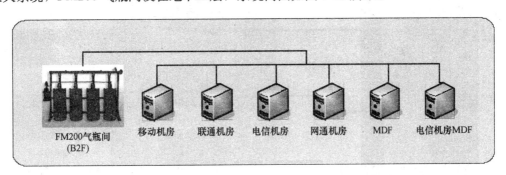

图 7-13　FM200 灭火系统简图

2. CO_2 灭火系统简介

该建筑物锅炉机房设在地下三层,高压变电站、发电机房设在地下二层,配电房分布在多个楼层,整个 CO_2 灭火系统设置区域如图 7-14 所示。

3. 消火栓系统和自动喷淋系统简介

按照国家消防规范设计要求,消火栓系统和自动喷淋系统配置如图 7-15 所示,除锅炉房、发电机房、变电站和配电室之外的区域基本都被覆盖。消火栓系统和自动喷淋系统均在不同高度设置加压和稳压装置,而且这两大主要灭火系统各自在地下三层设置满足规范要求容量的消防水池。

4. 消防工程采用的主要管材

消防工程采用的主要管材主要包括低压流体输送用镀锌焊接钢管、低压流体输送用焊

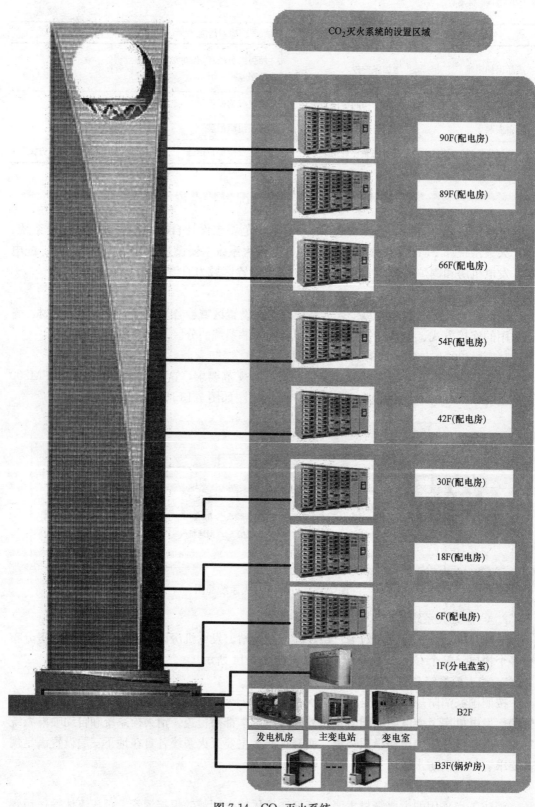

图 7-14 CO₂灭火系统

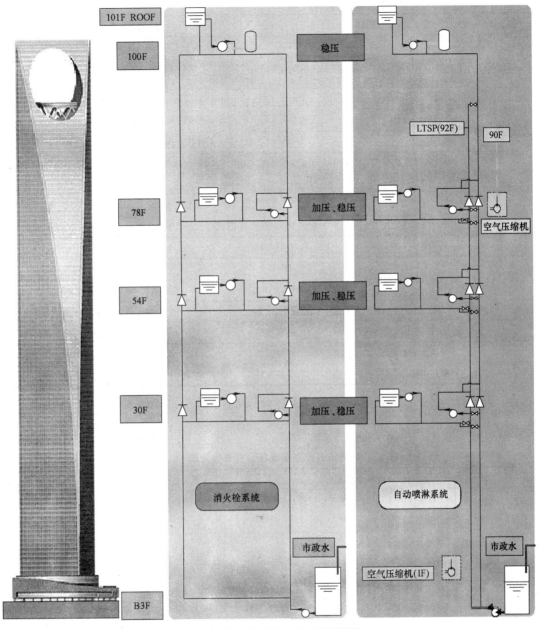

图 7-15 消火栓系统和自动喷淋系统

接钢管、碳钢压力管道和镀锌碳钢压力管道 4 种，根据系统用途和使用压力区别使用，详见表 7-9。

消防工程采用的主要管材　　　　　　　　　　　表 7-9

序　号	管　　材	使用的管道
1	低压流体输送用镀锌焊接钢管	消火栓管道(低于 1.0MPa)； 自动喷淋管道(低于 1.0MPa)； 压缩空气管道； 排水管

序 号	管 材	使用的管道
2	低压流体输送用焊接钢管	消火栓管道(低于 1.0MPa); 自动喷淋管道(低于 1.0MPa); 消火栓管道(高于 1.0MPa)
3	碳钢压力管道	自动喷淋管道(高于 1.0MPa); CO_2 灭火气体输送管道
4	镀锌碳钢压力管道	FM200 灭火气体输送管道

5. 管道采用的连接方式

管道采用的连接方式详见表 7-10。

管道采用的连接方式 表 7-10

序 号	管 材	规 格	连 接 方 式
1	低压流体输送用镀锌 焊接钢管	$DN \leqslant 80$	螺纹连接
		$DN = 100$	螺纹、法兰连接、沟槽式卡箍连接
		$DN \geqslant 125$	法兰连接、沟槽式卡箍连接
2	低压流体输送焊接钢管	各种规格	焊接连接
3	碳钢压力管道	各种规格	焊接、法兰连接
4	镀锌碳钢压力管道	各种规格	焊接、法兰连接

6. 主要设备分布情况

主要设备分布情况详见表 7-11。

消防系统主要设备及分布情况表 表 7-11

系 统	设 备	设置点	主要参数	数 量	备 注
消火栓系统	消火栓泵	B3F	150kW	2台	一用一备
		30F	90kW	2台	一用一备
		54F	90kW	2台	一用一备
		78F	132kW	2台	一用一备
	稳压泵	30F	7.5kW	2台	一用一备
		54F	7.5kW	2台	一用一备
		78F	7.5kW	2台	一用一备
		100F	7.5kW	2台	一用一备
	室外消火栓	1F	SS100	7套	
	水泵结合器	1F	SQ150	4套	
自动喷淋系统	喷淋泵	B3F	132kW	2台	一用一备
		30F	75kW	2台	一用一备
		54F	75kW	2台	一用一备
		78F	75kW	2台	一用一备
	稳压泵	30F	3.7kW	2台	一用一备
		54F	3.7kW	2台	一用一备
		78F	3.7kW	2台	一用一备

系 统	设 备	设置点	主要参数	数 量	备 注
自动喷淋系统		100F	3.7kW	2台	一用一备
	水泵结合器	1F	SQ150	3套	
	湿式报警阀			76套	3套用于LTSP
	预报警阀	1F		1套	
		90F		1套	
	空气压缩机	1F		1台	用于预作用报警系统
		78F		1台	用于预作用报警系统
水池、水箱	消防水池	B3F	2130m³	1座	与杂用水池共用
	消防水箱	B3F	100m³	1座	消火栓、喷淋共用
		30F	28m³	1座	消火栓、喷淋共用
		54F	28m³	1座	消火栓、喷淋共用
		78F	28m³	1座	消火栓、喷淋共用
		101F顶	40m³（保温）	1座	消火栓、喷淋共用
CO₂灭火系统	储气瓶	B2F	68L/45kg	128套	
		6F	68L/45kg	15套	
		18F	68L/45kg	15套	
		30F	68L/45kg	15套	
		42F	68L/45kg	14套	
		54F	68L/45kg	15套	
		66F	68L/45kg	17套	
		90F	82.5L/55kg	30套	
FM200系统	储气瓶	B2F	68L/47kg	9套	
		B2F	68L/65kg	3套	

7. 自动喷淋系统的分区及报警阀的分布
自动喷淋系统的分区及报警阀的分布状况详见表7-12。

自动喷淋系统的分区及报警阀的分布　　　　　　　　　　表7-12

楼 层	分区数量	报警阀设置	备 注
B3F	5	湿式5套	
B2F	5	湿式5套	
B1F	5	湿式5套	
1F	4	湿式3套，预作用式1套	
2F	4	湿式4套	
3F	4	湿式4套	
4F	1	湿式1套	
5F	1	湿式1套	
6～78F	37	湿式37套	每2层1套
89F	1	湿式1套	
90F	2	湿式1套，预作用式1套	
91F	2	湿式2套	
92～101F	2	湿式2套	集中设置于92F
另：91～92F	3	湿式3套	LTSP系统

二、消防工程特点分析

通过对该建筑物消防系统的分析,在消防工程施工方面应具有以下特点:

(1) 楼高达 492m,抗震要求高,消防系统可靠性要求高。

(2) 系统齐全,工程量大,施工专业多,交叉作业多,协调压力大,调试难度大。整个消防工程中包含了消火栓管道系统、自动喷淋系统(含湿式报警系统、预作用报警系统、远距离喷水灭火系统)、气体灭火系统(含 CO_2 灭火系统和 FM200 灭火系统)、消防电气系统及相关的消防设备(水泵、水箱、空气压缩机等)安装。地下室的单层面积逾 20000m²,塔楼部分的单层面积超过 3000m²,施工任务相当繁重。由于参建的专业施工队伍多,施工面集中,造成各专业施工配合、现场水平与垂直运输、成品保护等诸多困难,增加了协调配合的压力。

(3) 施工环境复杂,交通运输压力大。工程地处陆家嘴金融贸易开发区世纪大道旁,紧邻金茂大厦,交通受到一定限制。现场施工场地紧张,材料仓库和加工场地均设在工地现场之外,给材料和设备的采购、保管、加工、运输带来了很大的难度。

(4) 施工图需自行设计,深化设计任务重。该工程由承包商自行负责施工图的设计工作。由于工程涉及的专业众多,因此施工图设计和深化设计任务繁重,且必须做好与相关联的专业承包商深化设计的配合工作。

三、消防工程重点、难点的解决措施

根据消防工程施工特点分析可知,在抗震、深化设计、交通运输、协调配合、成品保护和施工安全方面都成为施工的重点和难点工作,对应的解决措施详见表 7-13。

消防工程重点、难点的解决措施　　　　　　　　　　　表 7-13

序号	重点、难点	多项解决措施
1	抗震	充分考虑抗震措施,严格按照抗震等级和设计规范进行抗震计算和设计; 严格按照施工图设置抗震装置,精心施工
2	深化设计	设立深化设计部,专门负责深化设计工作; 使用先进的深化设计软件(Autoplant pipe 等); 成立专家顾问小组提供技术支持; 加强相关沟通,参与各相关专业图纸会审
3	交通运输	组织便捷高效的运输队伍,灵活调度; 调查统计相关路段的车流量,合理选择运输路线和物资的运输时间,合理安排工人上下班时间,避开交通高峰时段和路段; 编排物资运输计划,保证现场物资供应; 利用网络技术和信息平台,保持施工现场与仓储、加工车间的紧密联系和资料信息的快速、准确的传递,确保项目物流畅通; 服从总包调度安排,减少材料在现场的二次搬运
4	协调配合	项目工程部安排专人负责工程的协调配合工作; 服从总包领导,完善各种协调
5	成品保护	加大成品保护的投入; 加强人员教育,合理安排施工顺序; 为重要设备购买保险; 为管道试压冲洗制定专项施工方案
6	施工安全	建立完善的安全管理责任制度; 安排专职安全员; 组织和开展安全教育活动,做好安全交底工作

第五节　电气工程概况、特点说明

以【例 7-1】为例，主要介绍电气工程系统结构组成、工程施工特点和对应的措施。

一、电气工程概况

该建筑物电气工程系统为 10kV 配电主干，被分成 H1、H2-1、H2-2、H3 四组共 22 路经过 EPS1、EPS3、EPS5、EPS7 四个垂直电井接出至各副变电室。大楼供电设电力监视控制系统（PMS），对重要的开关进行远程控制，对部分开关的开合状态（ON，OFF）进行监视，对电压、电流和用电功率进行测量。发电机燃油储存罐 2 个，设置在室外地下。变配电主要结构详见图 7-16。

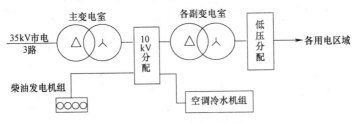

图 7-16　变配电主要结构

电气工程系统描述详见表 7-14。

电气工程系统描述 表 7-14

名　　称		描　　述
电力供应	变电系统	3 路 35kV 高压高压供电，设计用电功率 25000kW，两级变压。副变电室分散布置，平均间隔 12 层
	应急发电系统	本次合同范围内 4 台 2500kVA 柴油发电机，设水冷却、供油和排烟辅助系统
	干线及动力系统	干线采用电缆，电缆桥架内敷设，至设备的电缆钢管内敷设；电缆种类、桥架规格多，数量大
用电末端	插座系统	包括各种类型插座、管线和配电箱
	照明系统	包括各种照明灯具、按钮开关、管线和配电箱。1F 室外和 91F 以上设景观照明，并有调光功能
安全	应急照明和逃生指示系统	包括各种应急照明和逃生指示照明灯具、管线；配电箱双电源回路供电，UPS 或灯具内蓄电池提供应急供电
	接地系统	联合接地，共用基础接地体、结构主筋或柱引上，接地电阻<1Ω；30F 以上幕墙要求等电位联结；各变电室、弱电机房、电井(EPS)敷设专用接地铜排，安装接地箱，电气设备金属外壳接地
	防雷系统	屋顶设 2 根提前放电式避雷针，裙房顶设避雷带；高压配电柜、低压配电柜和重要设备配电盘内安装避雷器(SA、LA、SPD)
	航空障碍照明系统	屋顶安装 4 套高光度航空障碍灯，其他楼层共安装 10 套中光度航空障碍灯

二、工程特点分析

通过对电气工程系统分析得知，该电气工程施工具有如下特点：

1. 工程量大，垂直施工任务量大

设计用电功率为25000kW。大楼供电用变压器71台，10kV/0.4kV变压器容量总和达82250kVA。大楼地上101层，高492m；地下3层，深度15m。电气工程相应的竖向安装工程量大，具体数据详见表7-15。

电气工程竖向安装工程量 表7-15

项目		数 量		最大连续长度
竖向安装	电缆	61500m		404m
	桥架	4900m		404m
	接地铜排	3700m		409m
垂直吊运	项目	数 量		最大单体重量	最大吊运距离
		总 量	平 均		
	设备层变配电设备	约640t	约64t/层	约20t（发电机）	394m
	其他	约3800t	约40.4t/层	——	487m

2. 工程复杂，子系统多，施工配合工作量大

电气工程设备非常多，设备自动化程度高，能被BMS、PMS系统实行远程监控。电气工程子系统繁多，子系统之间关系紧密；施工期间与结构、装饰、空调、弱电等专业承包商的配合施工工作量大。

3. 供电可靠性要求高

该建筑物电气系统设计时将大楼列为一级负荷供电，可靠性要求高，如图7-17所示。

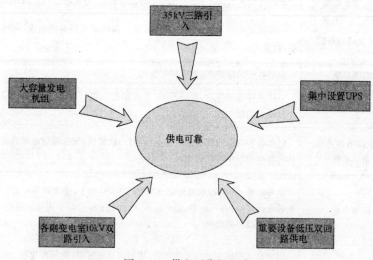

图7-17 供电可靠性要求

4. 供电安全、防灾要求高

电气工程对用电安全和防灾要求高。接地、防雷、防震、防火、航空障碍指示工作量

大、要求高。

5.电力核心集中

地下二层是大楼的电力核心，集中存在于该层的 Xb12～Xb17/Yb7～Yb14 区域，有主变电室、副变电室和发电机室，其他楼层的副变电室高压电源均由该核心引出。

三、工程重点、难点和解决措施

通过对电气工程设计图纸、技术规范文件和其他关于该电气工程相关信息的了解和分析，可以找出了电气工程施工中可能出现的难点和相应的将要采取的应对措施，详见表7-16。

工程重点、难点和解决措施　　　　　　　　　　　表 7-16

原　因	导　致　难　点		解　决　措　施
工程量大	施工管理难度大	质量	选用经验丰富的专业质量管理员； 加大项目组织机构中质量管理人员的权限； 强化执行质量管理制度
		进度	优化资源配置； 推行计划和目标管理； 加强配合意识，确保各节点工期的实现
	资源需用、调配量大	人员	利用中建总公司集团优势，从各工程局抽调高素质项目管理人才和熟练专业作业人员； 加强劳动力需求调配的计划性
		资金	集中中建总公司的强大财力后盾； 成立项目公司，注入资金
超高建筑	垂直吊运工作量大		按合理的供应计划组织材料及设备的采购和进场； 根据工程实际进度定期向总包单位提供吊运需求计划； 重设备吊运按预先编制的吊装方案组织吊装； 轻型材料吊运使用专制吊装箱，以层为单位组织吊运，提高吊运效率
	垂直运输量大影响工作效率		加强劳动力组织安排的计划性质，强化劳动纪律，服从总包单位对施工电梯的管理； 添置通信工具，保证工作期间通信畅通； 增加现场卫生设施，有计划地做好后勤服务，减少非工作原因上下楼机会
	垂直安装工程量大		成立垂直电气井道内专项施工班组负责垂直施工； 至54F以上楼层的超长10kV高压电缆，按预定专项施工方案施工
	安全风险大		除专职安全员外，指定各层安全负责人，加强现场安全监督； 持续向现场人员告知相关安全知识，警告和惩罚不安全行为，提高全员安全意识； 无条件执行总包单位制定的安全管理制度
系统复杂配合工作量大	调试试验难度大		配置需要的试验仪器设备，总公司指派资深专业工程师到现场负责指导； 联系业主现场工程师、上海市电力公司和设备生产厂商以明确试验要求和设备的相关技术参数； 按预先制定的调试方案和计划完成全部工作内容
	成品保护工作量大		安排专职负责，建立成品保护制度； 变配电设备安装前向总包单位提出室内环境要求； 注意气象预报，暴雨、台风天气前对成品保护加强

原　因	导致难点	解决措施
系统复杂配合工作量大	过程协调工作复杂	做好施工前深化设计工作,问题早预见; 专业间施工矛盾,召开协调会解决; 对其他专业承包商的配合需求及时提出书面计划
电力核心集中	桥架和母线等现场安装布置错综复杂	施工前进行详细的施工图深化设计; 综合、全面考虑各种桥架、母线、管道等的合理空间布置
工程地处市中心	交通拥挤,大量的物流困难	设备、材料进场计划周密,安排合理; 货物运输避开交通高峰期

施工过程中将 B2F 电力核心、各设备层副变电室、垂直电缆及桥架列为重点施工对象,资源配置时优先、充分考虑。

第六节　弱电工程概况、特点说明

以【例 7-1】为例,主要介绍该建筑物弱电系统结构组成、实施区域、主要设备组成等弱电工程概况和工程施工特点、工程施工难点以及对应的解决措施。

一、弱电工程概况

该建筑物弱电系统包括公共广播及紧急广播 PA/VA 系统、安全系统、闭路电视(CCTV)监控系统、MATV(主天线电视)系统、内部通信联络系统、残疾人呼叫和紧急呼叫系统、信息显示系统、电话系统(管理和维修用)、电话进线和布线系统、POS(电子收款机)电缆预留、集中计量系统、漏水报警系统、停车场系统和火灾报警和控制系统。弱电系统内容及概况详见表 7-17。

弱电系统内容及概况　　　　　　　　表 7-17

序号	系统内容	实施区域	主要设备组成	系统概况
1	公共广播及紧急广播 PA/VA 系统	办公塔楼、商辅区、餐厅、酒店、地下停车场和仓库等	扬声器、功率放大器、音量控制器、麦克风及控制主机等	1 个主控中心,3 个分控中心。共计 3232 个各类室内、外扬声器等前端设备
2	安全系统	大厅出入口、办公区和公共区主要入口出租办公区和商铺、接待台、控制室等	电子锁、读卡器、安全门、体温感应器、防盗报警按钮、钥匙箱、巡更读卡器	各类报警、安全门设备等
3	闭路电视(CCTV)监控系统	大厦主要出入口、楼层通道、电梯厅、电梯轿厢、地下停车场、观光区等	室内半球固定摄像机、室内变焦摄像机、室内外电动云台摄像机、电梯专用摄像机等、UPS	1 个主控中心,5 个分控中心共计 382 个各类摄像机前端
4	MATV(主天线电视)系统	公共区域及弱电配线间内预留设备	卫星接收天线、接收机、放大器、分支分配器等	485 个有线电视分配器,426 个卫星电视接收分配器
5	内部通信联络系统	停车场进出口、大厦出入口	内部通话对讲机、控制设备等	出入口与控制中心内部语音通信

序号	系统内容	实施区域	主要设备组成	系统概况
6	残疾人呼叫和紧急呼叫系统	残疾人洗手间、地下女士用洗手间、观光区残疾人洗手间	紧急按钮、报警灯光、报警控制设备	61个呼叫、复位按钮
7	信息显示系统	地下三层到地上四层商辅和停车位的电梯大厅	液晶显示监视器、DVD播放机、MPEG播放机、CS调谐器及控制主机	17个电梯厅液晶显示
8	电话系统（管理和维修用）	在整个大楼内安装无绳电话基站	数字专用自动交换机、基站收发接收器、数字及模拟手持话机	735个基站前端、260门各类手持话机
9	电话进线布线系统	公共区域及商铺	信息面板、插座、配线设备、防滑电话线线缆等	132个电话预留点及相关大对数配线间敷设
10	POS（电子收款机）电缆预留	所有商铺出租区、公共区	信息面板、五类接插件，五类线缆、配线设备等	169个过线盒的预留
11	集中计量系统	电、冷冻水和饮用水计量区域	电、水计量监测设备、控制中心主机等	各层热水、冷冻水、饮用水计量
12	漏水报警系统	配电房、救援中心、安全控制房、水箱房等	漏水报警探测器、报警控制主机等	设备机房漏水检测
13	停车场系统	地下进入出区域	读卡器(自动售票机)、光电探测器、挡杆器、车辆数量监控板、通行卡及控制主机等	临时：3进4出，商用：1进1出
14	火灾报警控制系统	所有大厦内部区域	火灾探测器、报警控制主机等	

二、工程特点分析

通过对该建筑物弱电系统分析，弱电系统（ELV）具有表7-18所示的特点。

弱电系统（ELV）主要的特点　　　　　　　　　表7-18

系统特点	要素
技术交底要求全面、精细	由于工程特点，掌握和熟悉技术要求、规范要求，精心划分专业系统间的技术、施工界面、工作流程及系统间的运行、联动将是该系统工程实施的重点和关键，也是深化设计的基础。例如：对原设计的设计意图、原规范要求的理解；与机电专业的工作界面，工作流程等
满足国内行业规范标准的深化设计	由于原设计更多的是在日本的设计规范基础上实施的，国内也存在相应的规范标准，二者间存在或多或少的差距。因此，如何在实现原设计的质量目标基础上，也要适应国内及上海的行业规范要求，势必成为该工程系统深化设计的一个重点。例如：卫星、有线电视系统、消防报警系统将根据国内及上海市政府职能部门的验收规范进行设计调整
系统的深化设计要求高	由于大厦内各专业施工较多，在综合管网的设计和实施安排上，需结合各专业的要求，如在机电、装修等的具体要求的基础上，对弱电各相关子系统进行深化设计，不仅满足规范、功能、指标的要求，更与机电、装修相配套，使整个深化设计及最终的使用与机电运行要求、装修风格相统一。例如：专业施工图纸、对各楼层、区域综合管网图的设计、机电的接口要求、结合装修的设备安装要求等

系 统 特 点	要 素
系统信息集成、联动要求高	根据该工程的使用定位和高要求,弱电系统的设计及功能实施已不再是单一子系统的满足,而是整个工程中各个系统间相互关联、联动、信息传递等,因此,在深化设计中,不仅要更加完善系统的应用,同时更加注重各子系统间的相互信息通信、联动反应。 例如:安全系统、报警系统与闭路电视 CCTV 间的互动,CCTV 系统对紧急广播系统、火灾报警系统的视频确认,BMS 与 BAS、CCTV、消防报警等系统间信息的集成
系统调试难度大——分区调试、联动调试	基于建筑的特点,各弱电子系统的规模及对应的要求也相对较大、较高。各个系统的前端设备点多,分布广,因此系统的调试难度不同于一般的高层建筑。例如:在闭路电视监控系统(CCTV)、公共广播及紧急广播 PA/VA 系统中,存在多个分控制中心,因此不仅在调试中要考虑到对各分控中心对相应区域的控制和调试,同时也更加注重各分控中心间对设备的调用、控制、显示、录像及对报警、广播的处理。例如:BAS 系统中,VAV 的控制点多,又分高区、低区的调试,同时,也存在对两个区域间的设备联调,存在与机电专业的综合性联调
文档管理的要求高	基于系统的复杂及调试的难度,在作业过程中,对原始数据的保留和存档也是至关重要的一环,为纠正问题、持续改进,为人员的培训和竣工后的维护提供有力的保障基础

三、工程重点、难点和解决措施

针对弱电工程施工特点,可以找出工程施工的重点、难点,提出对应解决措施,详见表 7-19。

工程重点、难点和解决措施　　　　　　　　　　　表 7-19

工程重点	实施内容	目 标	解 决 措 施
施工组织机构	建立强有力的项目管理组织机构	资金保障; 技术力量保障; 施工力量保障; 质量、进度、安全保障及其持续改进; 售后服务体系	制定详细的资金使用计划; 组建强有力的施工人员班子; 制定工程各阶段质量、安全、进度控制及保障计划; 制定人员进场培训计划; 制定售后培训服务计划; 针对性提出售后服务保障措施
深化设计	技术交底	了解工程设计要求; 了解总承包方工程进度计划及现场要求; 保障各专业工程间施工进度、质量; 系统功能设计完整性、规范化	学习和掌握规范,了解原设计(日本)规范要求; 业主需求交底; 设计院设计要求交底; 总包施工交底; 专业技术交底
	深化设计	满足业主对大厦智能化定位的要求; 便于工程的展开及专业间的配合	提出深化设计修改方案; 制定详细的施工图; 制定综合管网图; 制定并落实专业间界面工作及配合; 制定阶段进度、质量控制计划
	国家专项设计验收规范深化调整	按照国内设计、验收标准对系统进行深化设计,以符合国家验收标准	在原设计的基础上,结合超高层建筑的特点,结合国内行业职能部门对消防火灾报警系统、卫星及有线电视系统等进行深化设计,以符合国家验收要求

工程重点	实施内容	目 标	解 决 措 施
施工组织	现场设备的运输及到位	保障进入现场材料、设备24h到位	根据工程进度合理安排阶段性设备进场计划；根据各进度要求，精心组织设备的进场、安装时间表；与总承包方配合，制定设备吊运的使用规定和计划，以确保设备按要求、按计划、按时间要求，将设备材料运到工作区域；专人负责对设备进场后的运输及对材料的24h保管
	对高层作业人员的进场及后勤服务	提高高层作业人员的施工工效	与总承包方配合，制定人员进入施工现场的时间及电梯的使用计划，避免人员众多而造成工效的降低；制定对施工现场人员的后勤保障服务计划，如专人负责为高层施工人员提供现场饮食服务
	超高层建筑设备安装的防震性	设备安装符合防震性要求	学习并熟悉对超高层设备安装的要求；制定针对性的安装施工工艺及防护措施作业指导书
施工配合	专业间的配合	保障专业间进度、质量；保障对成品的保护	技术界面的划分；施工进度的工序配合；成品保护配合；安全文明施工配合
系统调试	系统单机调试	保障设备单机的安装、运行的可靠性	制定对每个子系统中单机设备安装、调试作业指导书；记录系统单机调试运行数据
	区域调试	保障各阶段内及各区域中区域系统的运行可靠性	根据大厦安装进度要求，制定区域调试内容及计划；制定区域内系统的调试作业指导书；记录区域系统调试运行数据
	系统调试	保障系统正常运行及指标要求	制定系统调试作业指导书；记录系统调试运行数据
系统联动	弱电系统内相关专业间通信及设备的联动反应	中心控制室与分控中心联动；CCTV与安全系统报警联动；CCTV与呼叫系统间的联动，；CCTV与PA/VA系统联动；PA/VA与火灾报警系统联动；地下停车场管理系统与CCTV间的联动	根据工程进度要求，制定阶段联动调试计划；根据深化设计要求，确定系统联动内容；制定系统联动调试作业指导书；记录系统联动调试运行数据
专业间统一调试	弱电系统与相关专业间的统一调试	弱电系统与机电专业、给水排水等专业间对控制、信息传送的联动调试	根据深化设计安排，制定统一调试计划；制定统一调试作业指导书；记录统一调试过程运行数据
质量安全	质量、安全	保障施工中安装、调试的质量要求；保障施工中人员、设备的安全；保障对环境的环保要求	建立专项质量检查、安全检查人员；制定质量检查、安全检查作业指导书；建立日、周对质量、安全汇报制度，掌控质量、安全落实状况
文档管理	施工文档的规范化管理	总公司对质量、进度的掌控；业主、监理对质量的检查；问题的可追溯性及持续改进；提供维修及服务的基础资料	确定专人与专包、专业分包间资料的往来管理；制定文档管理作业指导书；按照规范要求，严格按照ISO 9000管理体系完成各项施工记录文档管理，如施工进度记录、调试记录

第七节　楼宇监视系统工程概况、特点说明

以【例7-1】为例，主要介绍楼宇监视系统组成结构、主要设备、实施区域等工程概况，系统特点、工程施工重点、难点及对应的解决措施。

一、楼宇监视系统工程概况

该建筑物楼宇监视系统主要包括 BMS 中央控制系统和以太网系统，详见表7-20。

楼宇监视系统内容及概况　　　　　　　　　　　　　　　　表 7-20

序号	系统内容	实施区域	主要设备组成	系统概况
1	BMS 中央控制设备	首层、52F、90F 灾难控制中心	服务器、计算机、软件包、打印机、UPS 及桌椅等	1 套服务器 3 套工作站
2	以太网系统	各层竖井周边，首层、52F、90F 灾难控制中心	UTP、交换机、机箱等	

二、楼宇监视系统的特点

该建筑物楼宇监视系统（BMS）主要特点详见表7-21。

楼宇监视系统（BMS）主要特点　　　　　　　　　　　　表 7-21

系统特点	要素
技术交底要求全面、精细	由于工程的特殊性，掌握和熟悉技术要求、规范要求，精心划分专业系统间的技术、施工界面、工作流程及系统间的运行、联动将是该系统工程实施的重点和关键，也是深化设计的基础。例如：对原设计的设计意图，原规范要求的理解；与自控专业的工作界面，工作流程等
满足国内行业规范标准的深化设计	由于原设计大多是在日本的设计规范基础上实施的，而国内也存在相应的规范标准，二者之间存在或多或少的差距。因此，如何在实现原设计的质量目标基础上，也要适合国内及上海的行业规范要求，势必成为该工程系统深化设计的另一个重点
系统的深化设计要求高	由于大厦内各专业施工较多，在综合管网的设计和实施安排上，需要结合各专业的要求，如在空调、电气、装修的具体要求基础上，对 BMS 各相关子系统进行深化设计，不仅满足规范、功能、指标的要求，更与机电、装修相配套，使整个深化设计及最终的使用与机电运行要求、装修风格统一。例如：各楼层、区域综合管网图的设计、机电的接口要求、结合装修的设备安装要求等
系统信息集成、联动要求高	该工程的 BMS 系统跨越不同厂家的产品，实现各种数据和指令的集成，同时要满足远方客户和就地管理员对图形的实时调用与查询数据，还要保证安全，这也是工作重点之一
系统调试难度大—分区调试、联动调试	基于该建筑的特点，BMS 系统的规模及对应用的要求也相对较大、较高。网络设备多，分布广，因此系统的调试难度远高于一般的高层建筑。例如：BAS 分为高区、低区两个系统，BMS 对两个区域的 BAS 设备联调，需要有不同的专业厂家合作完成综合性联调
文档管理的要求高	基于系统的复杂及调试的难度，在作业过程中，对原始数据的保留和存档也是至关重要的一环，这将为纠正问题、持续改进，为人员的培训和竣工后的维护提供有力的保障基础

三、工程重点、难点和解决措

针对该工程施工的特点和 BMS 系统特点，可以找出施工重点提出对应的解决措施，详见表7-22。

工程重点	实施内容	目　标	解　决　措　施
施工组织机构	建立强有力的项目管理组织机构	资金保障； 技术力量保障； 施工力量保障； 质量、进度、安全保障及其持续改进； 售后服务体系	制定详细的资金使用计划； 组建强有力的施工人员班子； 制定工程各阶段质量、安全、进度控制及保障计划； 制定人员进场培训计划； 制定售后培训服务和售后服务计划
深化设计	技术交底	了解工程设计要求； 了解总承包方工程进度计划及现场要求； 保障工程施工进度、质量； 设计的完整性、规范化	学习和掌握规范，了解规范要求； 业主需求交底； 设计院设计要求交底； 总包施工交底； 专业技术交底
深化设计	深化设计	满足业主智能化定位要求； 便于工程的展开及专业间的配合	提出深化设计修改方案； 制定详细的施工图； 制定综合管路图； 制定相关专业间工作界面工作； 制定阶段进度、质量控制计划
施工组织	现场设备的运输及到位	保障进入现场材料、设备 24h 到位	合理安排阶段性设备进场计划； 精心组织设备安装时间表； 与总承包方配合，制定运输设备的使用规定和计划； 安排专人负责设备材料 24h 保管
施工组织	对高层作业人员的进场及后勤服务	提高高层作业人员的施工工效	与总承包方配合，制定人员进入施工现场时间及电梯使用计划，避免人员众多而造成工效的降低； 制定对施工现场人员的后勤保障服务计划，如专人负责为高层施工人员提供现场饮食服务
施工组织	超高建筑设备安装的防震规范	设备安装及使用符合防震规范	学习并熟悉对超高层设备安装要求； 制定针对性的安装施工工艺及防护措施作业指导书
施工配合系统调试	专业间配合	保障各专业进度、安装质量 保障对成品的保护	技术界面的划分； 施工进度的工序配合； 成品保护配合； 安全文明施工配合
施工配合系统调试	单机调试	保障设备单机的安装、运行的可靠性	制定 BMS 系统单机设备安装、调试作业指导书； 记录 BMS 系统单机设备调试运行数据
施工配合系统调试	区域调试	保障各阶段内及各区域中区域系统的运行可靠性	根据大厦安装进度要求，制定区域调试内容及计划； 制定区域内系统调试作业指导书； 记录区域系统调试运行数据
施工配合系统调试	系统调试	保障系统的正常运行及指标要求	制定系统调试作业指导书； 记录系统调试运行数据

工程重点	实 施 内 容	目　标	解 决 措 施
系统联调	与BAS相关专业通信及联动调试	实现 BMS 系统与机电专业、BAS等专业间对控制、信息传送的联动调试	制定阶段调试计划； 制定统一调试作业指导书； 记录统一调试过程运行数据
质量安全	质量、安全	保障施工中安装、调试的质量要求； 保障施工人员、设备安全； 保障对环境的环保要求	建立专项质检、安检查人员； 制定质量检查、安全检查作业指导书； 建立日、周对质量、安全汇报制度，掌控质量、安全落实状况

第八章 建筑设备工程施工部署

建筑设备施工企业根据建设项目设计文件的总目标，全面统筹规划和安排建筑设备工程施工部署，主要内容包括建立施工组织机构，进行目标部署、制作施工前准备工作总计划、拟定施工方案、划分施工段、估算拟定施工方案的工作量、深化设计、仓储、加工及总平面布置。本章节结合【例 7-1】进行讲述。

第一节 建立施工组织机构

一、组成项目经理部

该项目属于大型超高建筑规模施工项目，建筑设备工程划分的所有单项工程都成立了高区、低区两个项目经理部，负责项目组织、机械配备、劳动力资源、材料资金、技术保障等。空调工程是单项工程的代表之一，分成低区、高区两个项目经理部，图 8-2 所示为低区空调项目经理部的组织机构图，为强矩阵式组织机构，下设 8 个职能部门。总部各职能部门与项目经理部专业对接，形成对项目的强大支持。本组织机构着重体现质量总监和安全总监的权限，二者受总部委派，对工程质量和安全具有终裁权。其他单项工程的项目经理部组织机构与职责与之完全相同。这是目前国内建筑施工项目单项工程职能最全面的项目经理部组织架构。

二、目标部署

项目经理部将质量、工期、文明施工和环境保护管理目标作出部署，详见图 8-1。

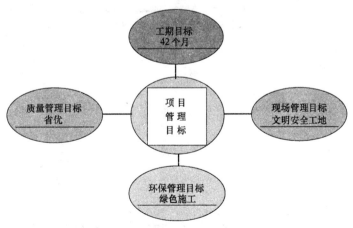

图 8-1 项目管理目标部署示意图

1. 质量目标

达到国际优质水平。质量方针是全员参与、打造精品、规范施工，确保产品满足国家、行业相关法律法规的要求；遵信守约、用户至上、持续改进，建设放心工程，满足建设单位的要求。

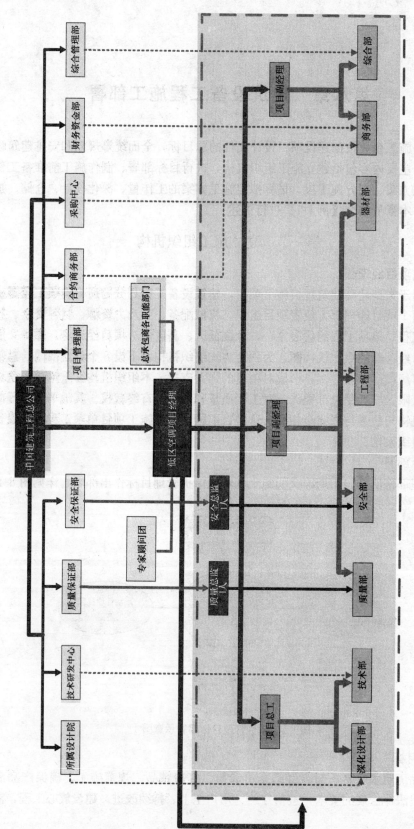

图 8-2　上海环球金融中心低区项目经理部组织机构

2. 工期目标

在规定时间内完成本工程。

3. 文明施工目标

确保"文明安全工地",严格遵守国家法律法规。

4. 环境保护管理目标

确保施工无扬尘、无扰民、无污染，实行绿色施工。

三、项目管理层主要职责

低区空调安装项目经理部的决策层由一名项目经理、两名项目副经理和一名项目总工程师组成，管理层由 8 个专业职能部门组成，项目领导的主要岗位职责详见表 8-1。

项目领导的主要岗位职责　　　　　　　　　　　　　表 8-1

项目职务	工作职责
项目经理	策划项目管理组织机构的构成并配备人员； 主持编制项目管理方案，及时、适当地做出项目管理决策； 协调好各方面的关系，组织好项目生产调度会、项目经济活动分析会； 控制施工阶段工程造价和工程进度款的支付情况，确保工程投资控制目标的实现； 全面负责整个项目的日常事务
项目副经理（合约、财务、行政管理、保卫、环保）	直接领导合约、财务、保卫、环保与行政管理的各项工作； 负责项目的后勤保障工作； 负责施工现场标准化管理，负责对内宣传教育，对外形象推介工作； 负责项目与地方各职能部门的接待工作； 经项目经理授权，负责项目部的其他工作
项目副经理（工程协调、现场施工管理、物资设备采购、质量安全）	直接领导工程协调、现场施工管理、物资设备采购、质量安全的各项工作； 审核项目施工进度计划，协调施工进度及现场作业面冲突，确保工程按合同工期顺利完工； 参加业主、总包单位组织召开的协调会议，组织召开项目与生产有关的各类协调会议； 主持成立成品保护工作小组并指导其工作； 主持项目质量管理保证体系的建立，并进行质量职能分配，对质量目标进行分解，落实质量责任制； 负责项目的安全生产活动，建立项目安全管理组织体系，确保安全文明施工管理和服务目标的实现； 领导材料采购仓储的日常工作，合理协调、安排重大物资、机械设备进出场时间，协调、安排施工场地和临建设施； 合理调配施工机械设备的使用； 经项目经理授权，负责项目部的其他工作
项目总工程师（技术、深化设计）	直接领导技术部、深化设计部，负责项目部的深化设计和技术工作； 审核项目施工组织设计、各种专项施工方案与作业指导书，并协调解决施工中的技术问题； 督促批准的各项质量计划和单项施工方案的实施； 与设计、监理保持经常沟通，保证设计、监理的要求与指令在施工中贯彻实施； 组织技术骨干力量对本项目的关键技术难题进行科技攻关，进行新工艺、新技术的研究和推广； 组织有关人员对材料、设备的供货质量进行监督、验收，对不合格的材料、设备经评审后退货处理； 组织深化设计部人员及时做好施工图和施工配合图的绘制； 负责项目设计变更、材料代用等技术文件的处理工作

项 目 职 务	工 作 职 责
深化设计部经理	负责项目深化设计部的工作； 负责与总承包商、设计院等进行深化设计有关的协调、沟通； 参加业主、总承包商组织的图纸会审及图纸深化设计有关的会议，并组织项目的深化设计协调会； 负责项目施工图和施工配合图的绘制、报审及进度控制； 负责组织深化设计部对施工人员进行深化设计图纸的交底，并指导施工； 负责完成项目领导安排的与深化设计有关的其他相关工作

四、项目部各个部门职责（见表 8-2）

项目部各个部门职责 表 8-2

部　门	职　　责
质量部	执行国家颁布的关于建筑安装工程质量检验标准和规范，代表上级质检部门行使监督检查； 负责专业检查，随时掌握各分部分项工程的质量情况； 负责工程分部分项工程质量情况的评定，定期向上级部门上报质量情况； 对不合格品要及时上报，监督专业制定纠正措施； 负责项目的计量、试验管理工作； 负责成品保护方案、措施的制定
安全部	对项目的安全进行日常检查，消除隐患； 负责项目安全方案的制定和落实； 负责项目应急预案的编制； 负责对进场人员的安全教育及对作业人员的安全技术交底； 负责项目特殊工种作业人员的证件管理
工程部	参与施工方案的编制工作； 编制劳动、机具设备使用计划，报分管副经理平衡； 编制工程进度计划，在规定的时间上报报表； 检查班组的施工质量，制止违反施工程序和规范的错误行为； 负责成品保护方案、措施的落实； 负责对外（业主、咨询公司、监理、政府机关、总承包商及其他关联承包商）的协调工作
器材部	根据施工进度和材料进场计划，及时组织材料设备进场； 负责项目机具的调配与日常管理，满足工程施工需要； 制定现场材料使用办法及重要物资的贮存管理办法； 对进场材料的规格、质量、数量进行把关验收； 严格执行限额领料制度，建立工程耗料台账，严格控制工程用料； 负责制定降低材料成本措施并贯彻执行； 及时收集资料的原始记录，按时、全面、准确上报各项资料
技术部	在项目总工的领导下，负责施工方案的编制，并确定施工方案满足工程实际需要； 负责各专业工种之间技术协调，组织项目人员进行 QC 活动，提高施工质量； 协助项目总工对关键技术难题进行科研攻关，负责"四新"技术的推广运用； 负责各种来往信函和文件的登记、归档、保管及技术资料的管理
深化设计部	进行图纸深化，绘制施工图及配合总承包商进行施工配合图的绘制，并指导施工； 负责施工图及施工配合图的送审及图纸深化的进度控制； 负责对专业技术人员进行深化设计图纸的交底

部　门	职　责
商务部	建立项目财务台账,及时做好报表的记载、分析和上报工作; 做好项目经济核算,组织项目进行经济活动分析,为项目经理提供决策依据; 合理组织调配资金运转。对项目资金实行专款专用
综合部	协助上级领导做好对外各种协调接待工作; 具体负责项目各项后勤保障工作; 按制定的环境保护措施贯彻实施; 负责本机电安装工程安全保卫及防火工作

五、施工管理制度建立

根据 ISO 9000 质量管理体系 2003 版、ISO 14000 环境管理体系和 OSHMS 18000 职业健康安全管理体系 2003 版的要求,及项目管理文件的规定,制定一套适合于本工程特点的项目管理制度,使项目的各项管理工作步入标准化、制度化、规范化的良性轨道。施工管理制度分类如图 8-3 所示。

图 8-3　施工管理制度分类

六、编制施工前准备工作总计划

施工前准备工作总计划就是编制技术准备、物资准备、劳动力组织准备、施工现场准备、施工场外准备等各项准备工作的实施完成时间安排计划,详见表 8-3。

施工准备工作总计划　　　　　　　　　　　　　　　　　表 8-3

准备工作分类	施工准备工作内容	负责单位	负责人	完成时间
技术准备	岗位确定;图纸会审;方案研讨;落实重点方案;施工进度计划;技术交底;测量放线	项目经理部		
物资准备	制作建筑设备与材料、制品加工设备、生产工艺设备需求量计划;施工机具需要量计划	项目经理部		
劳动力组织准备	制作劳动力需求量计划	项目经理部		
施工现场准备	制作施工资源用水、电等计划	项目经理部		
施工场外准备	签订分包合同和材料供应协作合同等	项目经理部		

第二节　拟定施工方案

建筑设备工程内含多个单位工程，需要针对每一个单位工程拟定施工方案。所以本节结合【例7-1】中的空调工程项目为例进行说明。拟定空调工程施工方案就是要针对空调工程施工特点，划分施工工作界面、拟定施工工艺流程、施工方法和高效的施工配合方案。

一、划分施工工作界面

针对该工程项目建筑面积大、楼层高、系统多、绝大部分大型设备均集中在B2F、B3F的特点，将地下室、裙房、塔楼和室外作为4个施工区，然后将每个施工区进一步划分多个施工段，例如将塔楼部分再划分为6F～24 F、25F～48 F、49F～78F、79F～101F 4个施工段。

二、拟定施工工艺流程

该空调工程施工工艺流程分为5个阶段，形成分段流水作业。各个阶段工作内容详见图8-4；低区空调安装施工工艺流程详见图8-5；高区空调安装施工工艺流程详见图8-6。

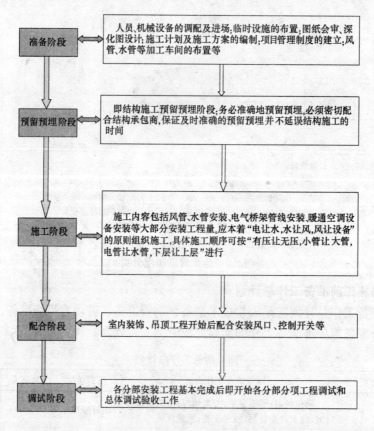

图 8-4　空调工程施工工艺流程

三、估算工程量

不同的施工方案会导致工程量、劳动力和物资的需要量、运输机械等都存在较大差异。根据施工图纸对每个分部分项工程量列出清单进行计算统计。

108

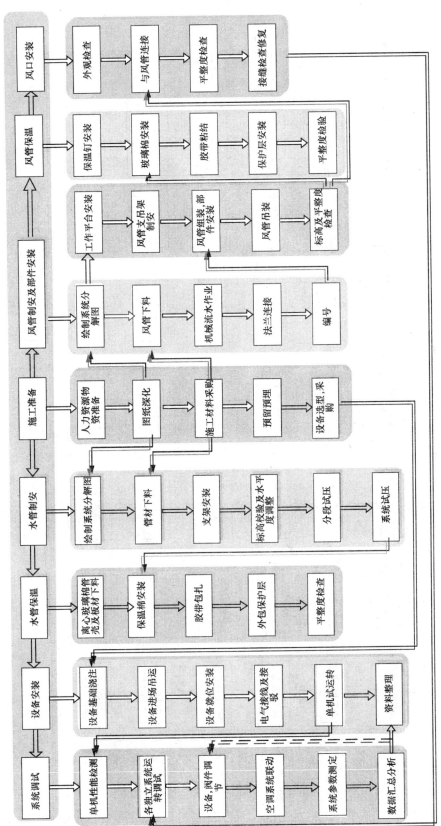

图 8-5　低区空调安装施工工艺流程

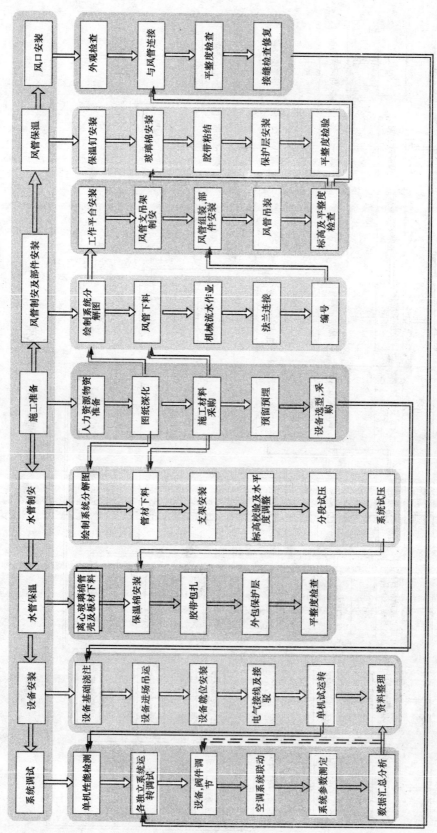

图 8-6　高区空调安装施工工艺流程

110

第三节　深 化 设 计

深化设计工作通常是由施工单位来完成的。一般设计院提供的施工图纸都是将空调、给水排水、消防、电气等系统独立绘制的，并没有标出管道设备等的具体安装尺寸。所以施工单位必须在领会设计目的的基础上进一步与各个专业会审图纸，互相协调，才能确定某些管道设备的安装尺寸，这项设计过程称为深化设计。现以【例7-1】中空调工程项目为例，对深化设计流程、深化设计原则和深化设计内容进行讲述。

一、深化设计流程

该空调工程深化设计流程详见图8-7。施工单位绘制的每一部分深化设计施工图纸都必须经过工程设计顾问和业主设计师审核之后才能施工。

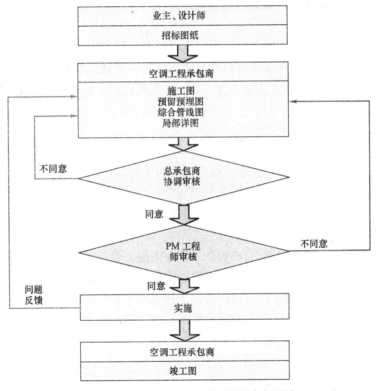

图8-7　空调工程施工图深化设计流程图

二、深化设计原则

熟悉招标图纸，针对施工各阶段的各节点细部做法进行认真研究，优化确定最佳设计方案，然后绘制施工图，报总承包商、PM工程师审核批准后实施。在此基础上，施工单位参与配合绘制施工综合图。施工项目部应做如下安排：

（1）成立深化设计部，加强与土建、装饰、其他机电承包商技术人员的配合。

（2）设计人员与施工技术人员认真熟悉图纸，通过对招标图纸的会审，领会设计意图。

（3）深化设计图纸，能清楚地反映标高、宽度定位及有关与结构及装饰的准确关系。包括详细的平面、立面和剖面图。总体效果既能满足设计要求与验收规范，又能考虑交叉

111

施工的合理性以及今后的维修方便，尽可能减少返工现象的发生。

（4）对设计图纸进行施工深化并报审，根据审核意见，及时完善机电深化设计图纸。

（5）深化设计图经审核批准即成为正式施工图。

三、深化设计内容

1. 预留图

每个楼层绘制预埋套管和预留洞口的位置、尺寸及标高，本工作在总承包商组织下与其他机电承包商沟通完成。重点部位：外墙上的防水套管的预留、剪力墙上的预留孔洞、楼板预留孔洞等。预留图纸需得到相关方认可后方可交付施工。

2. 每层剖面图和局部放大图

剖面图中，梁底、吊顶标高，墙与墙底间距，各种管线安装标高，安装尺寸，管线之间的有效空间，管线翻高或降低的标高等均需标注清楚。

3. 设备基础图

设计往往只明确设备的使用参数，所以在设备选定厂家后，施工单位根据厂家提供的型号进行参数的对照。通过对现场的测量、防震计算，保证现场的安装尺寸满足选用的设备。对机房拿出最合理的布置方式及基础图由总承包商、PM 工程师确认后，交土建施工。

4. 重点部位三维立体设计

对于施工重点部位进行三维立体透视图与平面图、剖面图结合在一起进行深化设计，例如管道竖井内各种管道的排布、冷冻机房综合布置等。

5. 吊顶平面图

配合总承包单位绘制吊顶平面图，协调吊顶上的灯具、风口、喷头、感应器等布置。

6. 综合管线布置图

配合总承包商逐层绘制楼层综合布置图。平面图按各专业的管线分不同的颜色绘制，同时将各专业的管线在电脑内分成不同的层，便于识别与修改。在平面图中只反映出管线需翻弯的地方，管线安装标高。深化设计内容的例子详见图 8-8～图 8-12。图 8-8 所示为 25F 空调风管预留洞图，图 8-9 所示为 25F 钢结构梁预留图，图 8-10 所示为 25F 管线初步布置图，图8-11 所示为 25F 管线三维布置图，图 8-12 所示为主楼吊顶平面布置图及局部放大图。

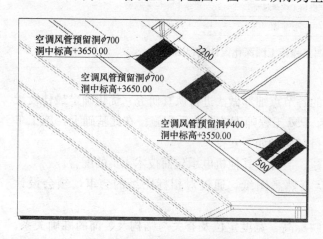

图 8-8 25F 空调风管预留洞图

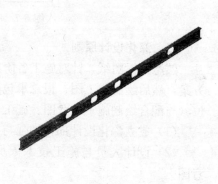

图 8-9 25F 钢结构梁预留图

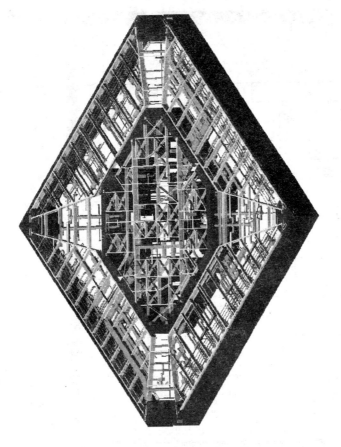

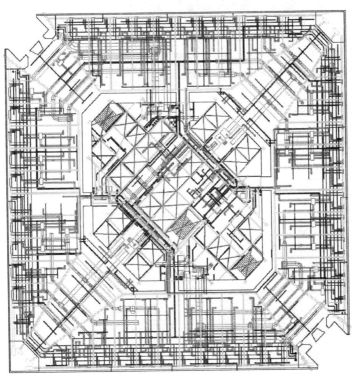

图 8-11　25F 管线三维布置图

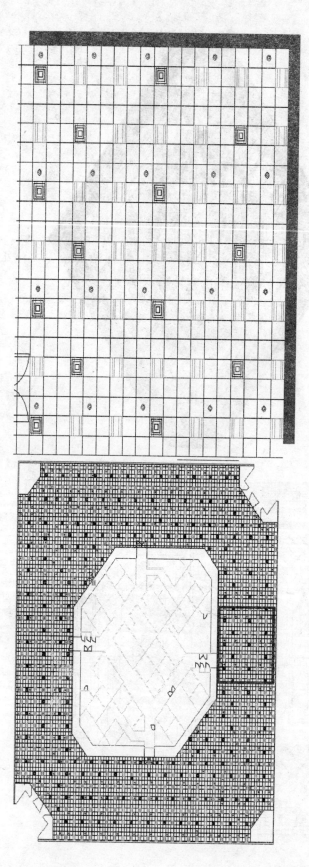

图 8-12　主楼吊顶平面布置图及局部放大图

114

第四节　仓储、加工及施工总平面布置

一、施工平面布置原则

根据招标文件、现场用地的实际情况以及施工单位仓储设施的分布情况，综合考虑物流组织、现有设施等因素，选择仓储、加工及生活区。因区域的限制，有时在现场仓储保管以及进行材料加工有着极大的局限性，特别要注意加工风管时容易产生噪声污染，加工钢管时容易产生光化学污染等。施工平面布置原则为：

(1) 施工平面实行分阶段布置和管理，把办公区、生产区和加工区分开布置；

(2) 紧凑有序，在满足施工的条件下，尽量节约施工用地；

(3) 尽量避免各专业用地交叉而造成的相互影响干扰；

(4) 按照合理、美观、实用、节约的原则进行规划临时堆场；

(5) 最大限度地减少场内运输，特别是减少场内二次搬运；

(6) 尽量避免对周围环境的干扰和影响；符合施工现场卫生及安全技术要求和防火规范。

二、平面布置

现场只设办公用房、临时设备、材料堆放场地及小型库房。办公用房由总承包商统一分配，临时材料堆放场地及小型库房进场后根据总承包的平面布置图合理安排，施工单位根据需要只提供需用面积。以【例 7-1】中的空调工程项目为例，现场施工用地及办公室需用计划详见表 8-4 所示。塔楼施工阶段及地下室、裙房施工阶段计划材料、设备临时堆场平面布置图见图 8-13 和图 8-14。

现场施工用地及办公室需用计划　　　　表 8-4

名　　称	间　　数	总面积(m²)	备　　注
办公室	9	150	
临时材料、设备堆场	2	600	根据现场情况定
小型库房	1	40	

三、临时水电

1. 施工用水

现场临时用水包括给水和排水两个系统。给水系统包括生产用水（试压用水）、生活用水（办公用水）。排水系统包括现场排水系统和生活排水系统。施工单位将从现场总包单位给定的水源处接水管至各施工用水点，并做好与排水系统的接驳。

2. 施工用电

根据工程现场主要机械用电负荷，提出用电要求，以【例 7-1】中的空调工程项目为例，施工用电计划详见表 8-4。

3. 该工程总供电容量

总供电容量按以下公式计算：

$$P = 1.1(K_1 \times \sum P_1 / \cos\psi + K_2 \sum P_2)$$

式中　P——供电设备总容量，kVA；

　　　P_1——电动机额定功率，kW；

　　　P_2——电焊机额定容量，kVA；

　　　$\cos\psi$——电动机的平均功率因数，取 0.75；

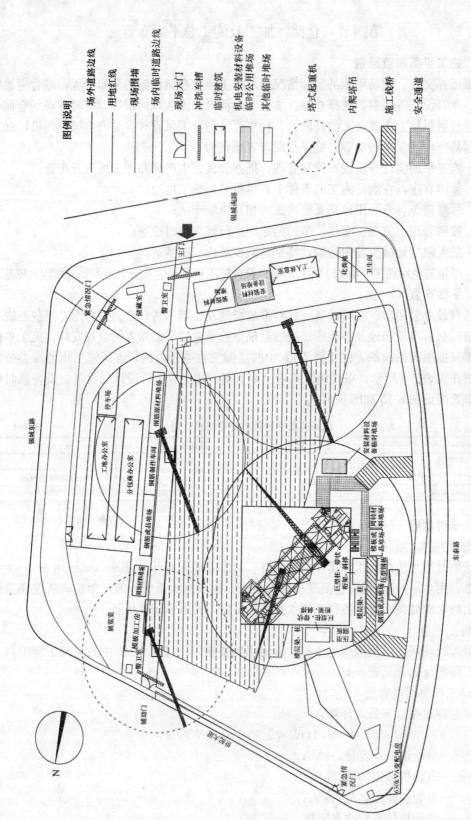

图 8-13 塔楼施工阶段机电安装材料设备临时堆场平面布置图

116

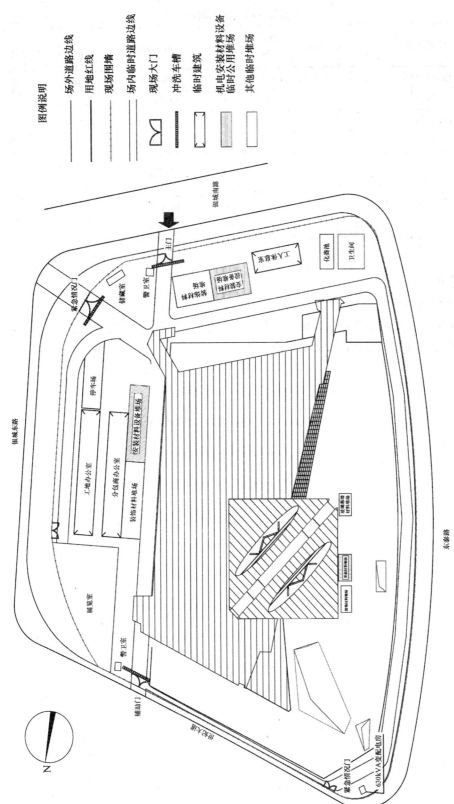

图 8-14 地下室及裙房机电安装材料设备临时堆场平面布置图

表 8-4

空调工程项目施工用电计划

序 号	机具名称	功率(kW)	数量	合计(kW)	序号	机具名称	功率(kW)	数量	合计(kW)
1	联合咬口机	2.2	2	4.4	9	管道套丝机	2.5	3	7.5
2	砂轮机	1	2	2	10	电动试压泵	2.2	2	4.4
3	砂轮切割机	1	6	6	11	交流电焊机	25	6	150
4	角向磨光机	1	4	4	12	手提式电焊机	5	4	20
5	电剪	1	6	6	13	氩弧焊机	28	2	56
6	手电钻	0.5	20	10	14	卷扬机	30	2	60
7	冲击钻	1	20	20	15	液压升降台	1.1	2	2.2
8	台钻	3	4	12	16	其他			10

K_1 取 0.6，K_2 取 0.6，照明用电按动力用电的 10% 考虑。

总供电容量为 $P=400$kW。

4. 用电管理

遵循生产生活用电分路的原则。用电从总包单位提供的各层配电箱接出。现场施工用电按《施工现场临时用电安全技术规范》执行。

第九章　施工进度计划

本章首先介绍施工过程管理系统主要业务流程,其中第一项工作就是总承包单位编制项目整体施工总进度计划。而建筑设备工程作为单位工程项目必须按照项目整体总进度计划和工艺流程要求编制施工进度计划。因此,建筑设备工程专业技术人员需要懂得项目整体总进度计划和工艺流程方面的基本知识,才能编制出切实可行的建筑设备工程施工进度计划。

第一节　施工过程管理系统主要业务流程

以【例 7-1】的工程项目为例说明。该工程项目施工过程管理系统主要业务流程分为编制计划、实施、检查、处理和验收 5 个部分,详见图 9-1。

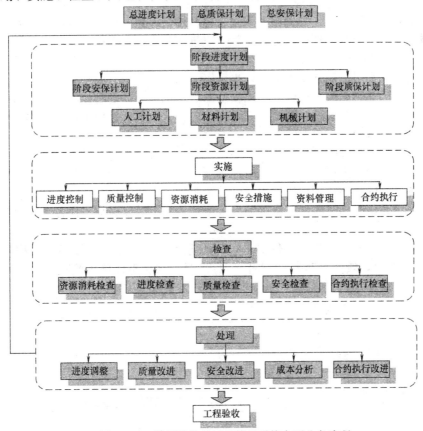

图 9-1　工程项目施工过程管理系统主要业务流程

第二节　总进度计划编制依据及步骤

一、编制依据
施工总进度计划是将施工现场所有单位工程施工活动在时间上用一张表体现出来,编制依据是根据招标文件要求、施工部署中的施工方案和施工流程。

119

编制总进度计划的作用是为了确定各个施工项目及其主要开工和竣工的日期，从而确定建筑施工现场劳动力、材料、成品、半成品、施工机械的需要数量和调配情况，以及现场临时设施的数量、水电供应数量和能源、交通的需要数量等。因此，正确地编制总进度计划是保证各个项目以及整个建设工程按期交付使用、充分发挥投资效益、降低建筑工程成本的重要条件。

编制总进度计划时要求保证拟建工程在规定的期限内完成；施工的连续性和均衡性；节约施工费用；迅速发挥投资效益。

二、施工总进度计划编制步骤

1. 列出所有单位工程一览表并计划工程量

施工总进度计划主要起控制总工期的作用。需要将每个单位工程按照施工工艺流程分解为分项分部工程，计算主要实物工程量。

2. 确定各个单位工程的施工期限

根据各施工单位的具体条件，并考虑施工项目建筑结构类型、体积大小和现场地形与水文地质、施工条件等因素确定，也可参考有关工程定额来确定施工期限。

3. 确定各个单位工程的开竣工时间和相互搭接关系

在施工部署中已经确定了总的施工期限，但对每个单位工程的开竣工时间尚未具体确定。通过对各主要建筑物工期进行分析，就可以进一步安排各单位工程的搭接施工时间。

4. 制作施工进度表

施工总进度计划可以用横道图表达，也可以用网络图表达。由于施工总进度计划只是起控制性作用，因此不必搞得过细。当用横道图表达总进度计划时，项目的排列可按施工总体方案所确定的工程展开程序排列。横道图上应表达出各个单位工程的开竣工时间及其施工持续时间，通常以月、周表示时间。

5. 施工总进度计划的调整与修正

总进度计划表绘制完成后，将同一时期各项工程的工作量加在一起，用一定的比例画在施工总进度计划的底部，即可得出项目资源需要量动态曲线。若曲线上存在较大的高峰或低谷，则表明在该时间里各种资源的需求量变化较大，需要调整，使各个时期的资源需求量尽量达到均衡。

【例 7-1】中的工程项目招标文件要求开工日期为 2004 年 11 月 12 日，结构封顶日期为 2007 年 9 月 9 日，竣工日期为 2008 年 3 月 23 日。项目整体施工流程框架详见图 9-2。总进度计划表详见图 9-3；月进度计划表详见图 9-4；周进度计划表详见图 9-5。

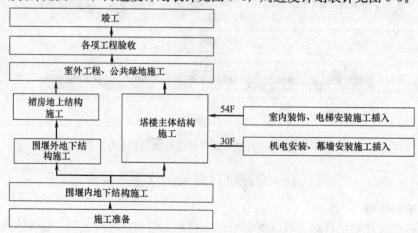

图 9-2 整体项目施工流程

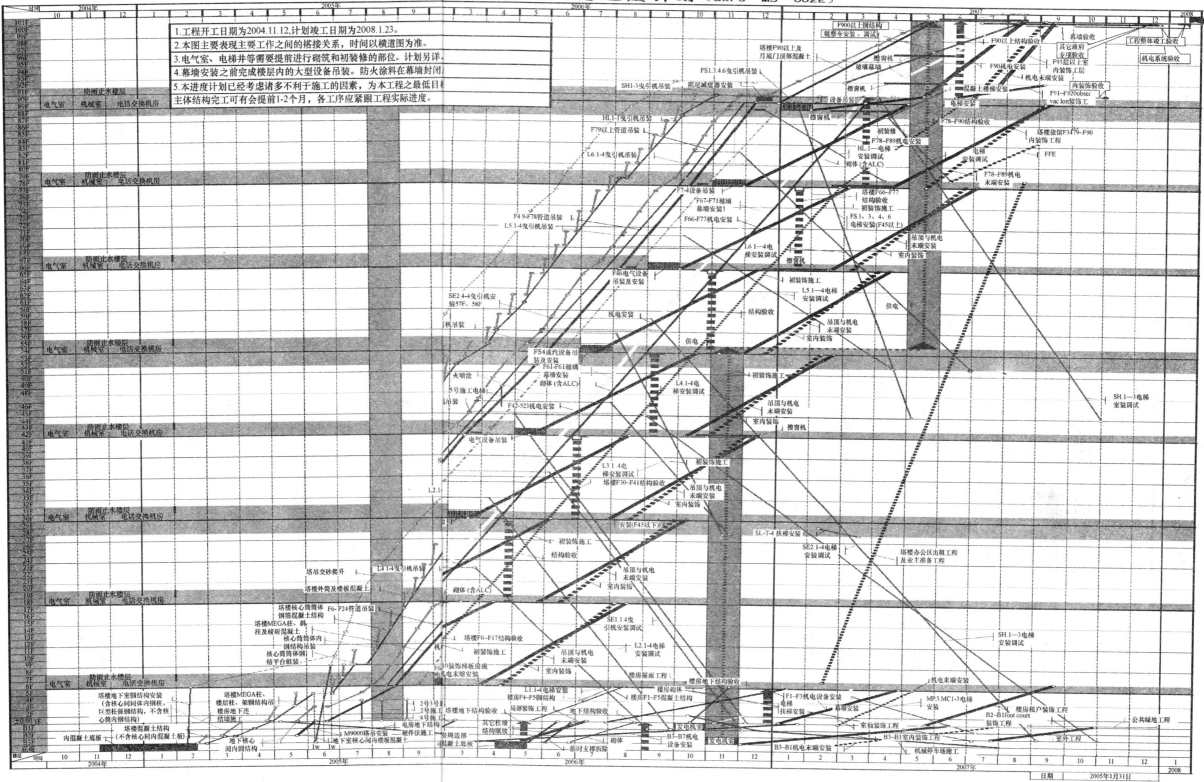

图 9-3　施工总进度计划表示例

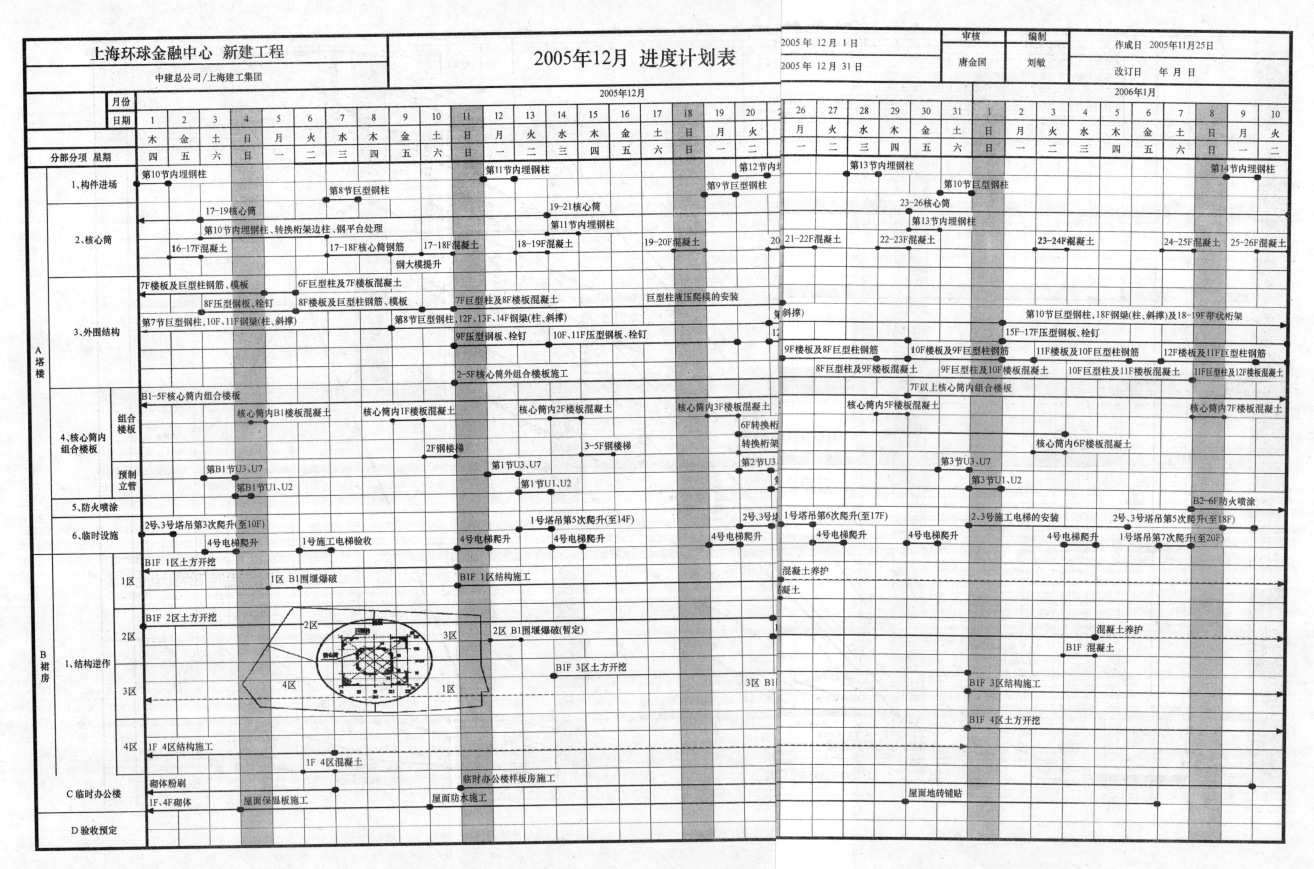

图 9-4　月进度计划表

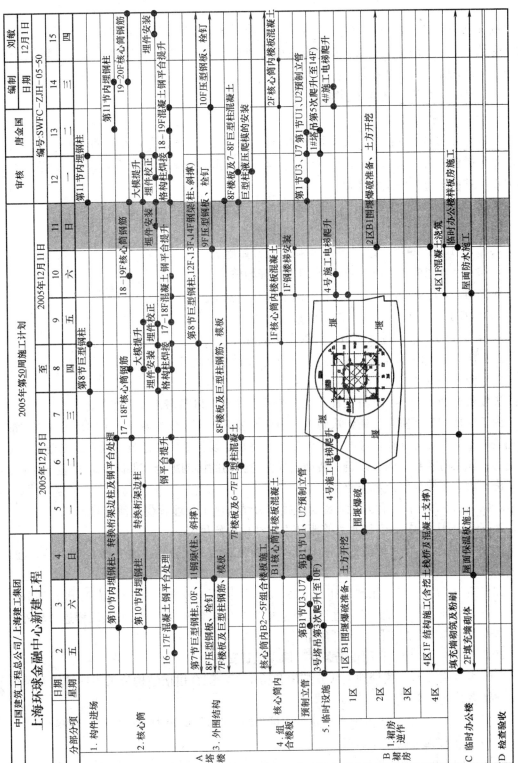

图 9-5　周施工进度计划表示例

121

第三节　建筑设备工程施工进度计划应用案例

以【例7-1】中的空调工程为例说明。空调工程施工进度计划将服从总进度计划要求，保证主导工序的施工进度，根据总进度计划进行统一组织、安排和协调，使整个工程形成一个和谐高效的有机整体。

一、空调工程施工进度计划案例

1. 高区空调工程

总进度计划要求空调工程进度目标为2004年10月1日开工，2007年10月28日竣工。整个塔楼施工共划分为6F～24F、25F～48F、49F～78F、79F～101F四个施工段，由下至上顺序形成分段流水作业。

2004年10月1日工程开工，配合结构施工预埋管线及预留洞。

2005年6月15日，塔楼空调工程全面展开。

2005年10月29日，25F～48F空调工程开始施工。

2006年3月19日，49F～78F空调工程开始施工。

2006年11月5日，79F～101F空调工程开始施工。

2007年3月30日，进入空调系统试运行阶段。

2007年8月7日，进入机电工程联合调试阶段。

2007年10月28日工程全面竣工。详细进度计划见附表1。

2. 低区空调工程

进度目标为2004年10月1日开工，2007年10月28日竣工。

由于裙楼和地下室采用逆作法施工，前期安装工程无法全面展开，工期压力较大，故需相关施工单位大力支持，及时提供作业面，特别是设备机房的建筑工程应优先施工，尽早交付。施工时需和结构、建筑、装饰工程保持密切的协调配合。低区、地下室分别作为两个施工段，形成分段流水作业。

2004年10月1日工程开工，配合主楼部分结构施工预埋管线及预留洞。

2005年1月29日，空调水立管跟随主体结构开始吊装。

2005年6月26日，裙楼地下室B1F结构施工开始，配合裙楼结构施工预埋管线及预留洞。

2005年10月27日，裙楼地下室B2F楼板结构第一次施工完毕，施工B3F部分楼板，接着继续地下室土方开挖，直至地下室楼板结构全部施工完毕。安装工程进行场外生产线装配，制作风管加工图，风管预加工。

2006年5月15日，利用现场条件，插入风管安装。

2006年7月1日，裙楼地上部分结构开始施工，配合裙楼结构施工预埋管线及预留洞，空调系统施工全面展开。

2007年3月21日，进入地下室联合调试阶段。2007年10月28日工程全面竣工。

3. 空调工程施工进度计划表

高区空调工程详细进度计划见附表1，裙楼详细进度计划见附表2，编制工具为工程管理软件2003版。

二、给水排水工程施工进度计划案例

给水排水工程施工进度目标为 2004 年 10 月 1 日开工，2007 年 10 月 28 日竣工，总工期为 1123 日历天。地下室采用逆作法，结构施工工期较长，给水排水安装工程需尽早插入施工。给水排水安装工程前期受土建施工进度制约，需相关施工单位大力支持，及时提供作业面。给水排水工程施工时需与结构、建筑、装饰工程保持密切的协调配合。

给水排水工程共划分为 10 个施工段，其中主楼划分为 7 个施工段，分别为 6F～15F、16F～27F、28F～39F、40F～51F、52F～63F、64F～77F、78F～101F；裙楼、地下室、室外分别作为 3 个施工段，以便形成分段流水作业。

2004 年 10 月 1 日开工，配合结构施工预埋管线及预留洞。2005 年 7 月 18 日，结构施工到 16F 时，给水排水安装工程全面展开。2007 年 1 月 24 日后，各设备开始单机试运行，到 2007 年 7 月 15 日，除室外工程和部分专业性强的其他工程以外，全部给水排水工程的安装基本完工，进入系统调试、联合调试和工程收尾阶段。2007 年 9 月中旬以后，开始报政府部门验收，2007 年 10 月 28 日工程全面竣工。

为了保证工期顺利进行，工程阶段目标如表 9-1 所示。

给水排水工程阶段控制目标　　　　　　　　　　　　　　　表 9-1

项　目	工　期		
	开始日期	完成日期	日历天
施工图深化设计	2004.08.02	2006.09.11	761
预留预埋工程	2004.10.01	2006.05.22	589
给水排水立管、干管安装	2005.07.18	2007.03.17	598
卫生间、设备间支管安装	2006.03.05	2007.06.02	450
水泵房及水箱间安装	2006.08.22	2007.04.03	220
卫生间器具安装、通水	2006.10.09	2007.07.15	275
给水排水系统调试（含联动调试）	2007.01.24	2007.09.14	229
其他给水排水工程安装及调试	2006.12.02	2007.10.28	326
工程整体竣工验收	2007.10.23	2007.10.28	6

给水排水工程施工进度计划表参见附表 3。

三、消防工程施工进度计划案例

消防工程的进度目标为 2004 年 10 月 1 日开工，2007 年 10 月 28 日竣工。

2004 年 10 月 1 日工程开工，消防工程施工随即开始，配合结构施工预埋管线及预留洞。到 2005 年 7 月 10 日，结构施工到 16F 时，消防工程施工全面展开。2007 年 1 月 15 日后各专业设备开始单机试运行，到 2007 年 7 月 15 日，除室外工程外的消防工程基本完工，进入联合调试、收尾阶段。2007 年 9 月开始，消防工程报政府部门验收，2007 年 10 月 28 日工程全面竣工。施工进度计划表参见附表 4。

四、电气工程施工进度计划案例

电气安装工程的进度目标为 2004 年 10 月 1 日开工，2007 年 10 月 28 日竣工。

地下室采用逆作法，结构施工工期较长，电气安装工程需尽早插入施工。电气安装工程前期受土建施工进度制约，工作全面展开较晚，工期压力较大，故需相关施工单位大力支持，及时提供作业面，特别是设备机房的建筑工程应优先施工，尽早交付电气安装工程单位施工。电气工程施工时需与结构、建筑、装饰工程保持密切的协调配合。

工程共划分为 6 个施工段，其中主楼划分为 4 个施工段，分别为 6F～24F、25F～48F、49F～78F、79F～101F，裙楼、地下室分别作为两个施工段，以便形成分段流水作业。

2004 年 10 月 1 日工程开工，电气安装工程随即开始，配合结构施工预埋管线及预留洞。到 2005 年 7 月 10 日，结构施工到 16F 时，电气设备安装工程全面展开。2007 年 1 月 15 日后各专业设备开始单机试运行，到 2007 年 7 月 15 日，除室外工程外的电气安装工程基本完工，进入联合调试、收尾阶段。2007 年 9 月开始，各专业工程报政府部门验收，2007 年 10 月 28 日工程全面竣工。施工进度计划表参见后附表 5。

五、弱电工程施工进度计划案例

施工进度计划表参见附表 6。

六、楼宇监视系统工程施工进度计划应用案例

施工进度计划表参见附表 7。

<h2 align="center">第四节　建筑设备工程施工进度计划检查与监督</h2>

一、施工进度计划的检查与监督

施工进度的检查与监督，贯穿于进度实施控制的始终。施工进度的检查是进度计划实施情况信息的主要来源，又是分析问题、采取措施、调整计划的依据，施工进度的监督是保证施工进度计划顺利实施的有效手段。

工程项目部每天检查现场进度实际执行情况，特别是影响工程进度的关键线路的开始时间、结束时间、逻辑关系、工作量等，并编制项目施工日进度报表。如表 9-2 所示的关键点检查报告（假设）。

关键点检查报告 表 9-2

关键点名称：42F 设备吊装	检查组名称：高区空调项目工程部
检查组负责人：×××报告日期：×××	报告人：×××报告份数：×××
对关键点的目标描述	×天内完成 42F 设备吊装的全部工作
关键点结束与计划时间相比	正常
提交物能否满足性能要求	正常
估计项目以后的发展态势	正常
检查组负责人审核意见：	签名：×××　　日期：

二、施工进度计划与实际进度对比分析

根据实地检查结果及收集的进度报表资料，进行统计、对比、分析实际进度和计划进度，整理出与计划进度具有可比性的数据，每周召开项目内部进度协调会，分析进度滞后原因，提出内部解决办法。同时，提请总承包单位召开各分包单位参加的协调会，解决制约施工进度的外部关键因素。

三、进度检查结果的处理

进度偏差较小，在分析产生原因的基础上采取有效措施，及时调整施工部署，继续执

124

行原进度计划。

进度偏差较大，不能按原计划实现时，对原计划进行必要的调整，采取必要措施，确保总进度目标的实现。如表 9-3 所示的项目执行情况状态报告（假设）。

项目执行情况状态报告　　　　　　　　　　　　　　　表 9-3

任务名称：×42F 设备吊装	任务编码：×××—01×
报告日期：×××	报告份数：×××
实际进度与计划进度相比	提前两天完成吊装
投入工作时间加未完工作	无
时间和计划总时间的对比	
提交物是否满足性能要求	正常
任务能否按时完成	已完成
现在劳动力状态	正常
现在设备配置状态	正常
任务完成估计	完成
潜在风险分析及建议	保持
任务人审核意见：　　　　　　签名：×××日期：×××	

四、工期保证与措施

1. 建立完善的计划保证体系

建立完善的计划保证体系是掌握施工管理主动权、控制施工生产局面、保证工程进度的关键一环。

建筑设备工程进度将服从结构施工的总体进度计划，保证主导工序的施工进度，根据总进度计划进行统一组织、安排和协调，使整个工程形成一个和谐高效的有机整体。详见图 9-6 所示的计划保证体系。

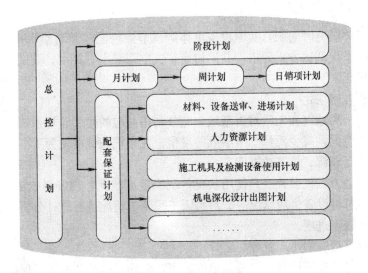

图 9-6　计划保证体系

由总控计划编制相应施工计划，由各类计划保证总控计划的实现。

计划实施过程中进行动态消项管理，切实落实配套计划的实施。

计划实施过程中及时与土建、装修及其他专业进行计划协调，避免工序、技术、作业面等矛盾而影响计划的实施，切实保证计划的实施效果。在各项工作中做到未雨绸缪，使进度计划管理形成层次分明、深入全面、贯彻始终的特色。

2. 资金保证

根据工程招标文件，规定工程付款条件。为保证工程的顺利施工，要确保该工程所筹措的资金专款专用，充分保证劳动力、施工机械的充足配备、材料及时采购进场。

3. 组织措施

安排具有丰富工程施工经验的项目管理人员承担工程建设，并得到充分授权，制定严格的施工管理制度，确保指挥合理、高效。项目经理部设立工程部，加强同总承包商、PM 工程师及现场监理工程师的交流与沟通，对施工过程中出现的问题及时达成共识，保证工程顺利进行。

4. 技术措施

利用计算机技术制定二、三级工期网络和节点控制，实施全过程、动态管理。通过关键线路节点控制目标的实现，确保总工期控制进度计划的实现。设立深化设计部，使用Autocad，Autoplant，3Dmax 等制图软件深化图纸；对现场综合管线布局进行优化，减少施工难度；加快施工图出图速度，细化管线加工图和机房布置图，缩短施工准备时间，加快施工进度。配备风管自动化生产线和共板法兰系统，场外加工，现场工厂化、装配式流水作业，提高风管制作速度。采用机械运输，风管拼装采用电动合缝机、液压铆接机，提高工效、提高风管安装速度。

5. 管理措施

（1）加强与总承包商合作

向其提交设备及材料运输方案，确保现场路线畅通；明确空调设备用房的建筑或结构施工期限，以便设备房空调工程能尽早展开。

（2）加强与其他专业承包商的合作

制定各设备的供电时间表，实施设备单体调试节点控制；邀请给水排水专业及业主、总包等单位参与系统调试方案评审，共同协商解决空调灌水、补水、调试排水等问题，保证调试顺利完成。

（3）施工管理网络化

建立项目管理局域网和无线对讲系统，充分利用总包的楼层监视系统，实时监测，及时掌握现场施工情况，减少质量安全事故的发生，在系统调试中尤为重要。

（4）建立现场资源、信息数据库

记录每天劳动力、机械及工具使用状况；现场进度状况；现场影响施工的各种因素；周边环境变化；材料设备供应状况等。对每天工程施工情况进行统计分析；实时调整现场资源配置，加快施工进度。

（5）加强垂直运输的协调管理

制定详细的材料进场计划，与总包单位协商，合理安排吊装时间，保证现场施工用料及时到位。

（6）加强材料的计划管理

及时制定进口材料、设备及申报关税等所需文件，场外设立仓储区域。

第十章　施工资源需用计划

施工资源主要包括劳动力资源、设备材料、施工主要机具及检测设备配置计划和施工用水用电等。本章结合实际案例，对施工资源需用计划的编制方法进行讲述。

第一节　劳动力需用计划

劳动力综合需要量计划是确定暂设工程规模和组织劳动力进场的依据。编制时首先要在工程量汇总表中分别列出各个专业工种的工程量，查相应的定额，就可得到主要工种的劳动量，再根据总进度计划表中单位工程各个工种的持续时间，即可得到某单位工程在某段时间内的平均劳动力数。将总进度计划表纵坐标方向上各单位工程同工种的人数叠加在一起并连成一条曲线，即为某工种的劳动力动态曲线图和计划表。

以【例 7-1】中的建筑设备工程项目为例说明。根据施工进度计划、安装工程量，为保证工程质量、工期目标，安装工程准备阶段、专业施工阶段、配合施工阶段投入的劳动力按高级工 30％、中级工 50％、初级工及施工用普工（搬运工）20％的比例予以搭配结合；系统调试阶段初级工及普工的比例不应超过 10％。所有特殊工种人员必须持证上岗，并将特种作业证件报总承包商备案。安装工程前期受土建施工的制约，后期受系统调试检测性质决定，此两阶段劳动力需用较少。空调工程劳动力需用计划见表 10-1 和表 10-2；给水排水工程劳动力需用计划见表 10-3；消防工程劳动力需用计划见表 10-4；电气工程劳动力需用计划见表 10-5；弱电工程劳动力需用计划表见表 10-6；楼宇工程劳动力需用计划见表 10-7。图 10-1～图 10-6 为对应的每月劳动力需用量直方图表示。

第二节　主要设备及材料需用计划

一、编制设备材料需用计划的依据

根据施工方案和工程量，并套用机械产量定额求得设备材料需求量和施工机具需要量计划；根据施工总进度计划要求，编制主要设备材料进场时间计划和施工机具进场时间计划；施工机具需要量计划还可作为施工用电、选择变压器容量等的计算和确定停放场地面积的依据。

二、设备材料供应保证措施

（1）加强与业主、监理联系，制定材料、设备采购送审制度，保证材料设备顺利采购进场。

（2）主要材料、设备在使用前半场 10d 左右进场，在使用过程中根据仓库或堆放场地情况分批进场，以保证施工需要。

（3）加强对进口设备材料的计划控制，及时与供应商沟通，了解进口设备材料的生产、运输情况，使进口设备材料处于受控状态。

高区空调工程劳动力计划表

表10-1

序号	工种	2004年 10月	11月	12月	2005年 1月	2月	3月	4月	5月	6月	7月	8月	9月	10月	11月	12月	2006年 1月	2月	3月	4月	高峰人数
1	通风工							5	20	70	140	140	140	180	155	155	155	180	180	190	190
2	管工							5	10	10	10	80	100	100	120	120	120	120	160	160	180
3	电工							5	5	5	10	10	10	10	10	10	20	20	30	30	100
4	焊工							5	5	8	10	10	10	10	10	10	10	20	20	20	20
5	油漆工										5	8	8	8	8	8	8	8	8	8	8
6	起重工									5					5	5	8	8	8	8	8
7	保温工														56	56	52	52	52	52	48
8	钳工														5	5	5	5	5	5	5
9	普工									10	20	20	20	30	30	30	30	38	40	40	40
10	合计							20	40	108	195	268	288	338	399	399	408	451	503	513	599

序号	工种	2006年 5月	6月	7月	8月	9月	10月	11月	12月	2007年 1月	2月	3月	4月	5月	6月	7月	8月	9月	10月	高峰人数
1	通风工	190	190	190	190	120	170	170	130	110	50	50	65	45	25	25	25	25	10	190
2	管工	160	180	180	180	120	20	20	20	80	80	60	60	40	40	40	40	40	40	180
3	电工	30	60	60	60	20	30	20	40	60	60	60	70	80	80	100	100	80	10	100
4	焊工	20	20	20	20	20	20	20	20	20	5	10	10	5	5	5	5	5	5	20
5	油漆工	8	8	8	8	5	5	5	5	5	5	5	5	5	5	5	5	5	5	8
6	起重工	8	8	8	8	8	5	8	8	8	5	5	5	5	5					8
7	保温工	48	48	48	48	48	48	48				68	68							68
8	钳工	5	5	5	5	5	5	5	5	5	18	18	15	15	15	15	5	5	5	18
9	普工	40	40	40	40	30	15	15	15	40	30	18	15	15	15	15	5	5		40
10	合计	509	559	559	559	376	123	203	178	316	296	281	278	210	190	190	180	160	90	599

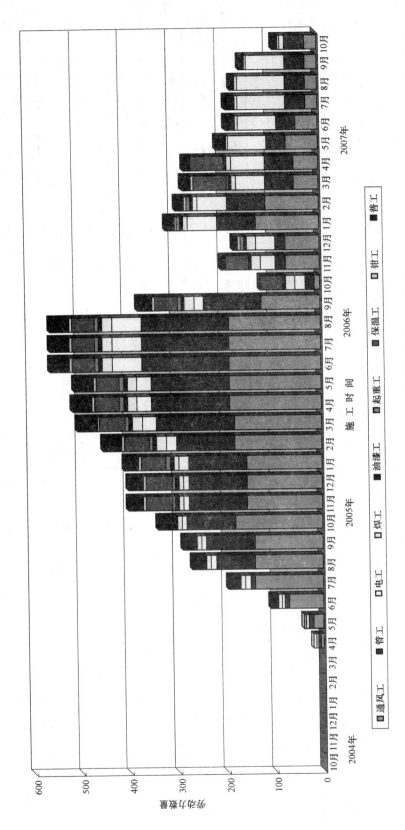

图 10-1 高区空调工程劳动力需求量

低区空调工程劳动力计划表

表10-2

序号	工种	2004年			2005年												2006年			
		10月	11月	12月	1月	2月	3月	4月	5月	6月	7月	8月	9月	10月	11月	12月	1月	2月	3月	4月
1	通风工																		5	5
2	管工	2	2	2	10	10	10	10	10	10	10	10	10	10	10	10	10	10	10	10
3	电工	5	5	5	10	10	10	10	10	10	10	10	10	10	10	10	10	10		
4	焊工	2	2	2	10	10	10	10	10	10	10								20	20
5	油漆工											2	2	2	2	2	2	2	6	6
6	起重工				6	6	6	6	6	6	6	6	6	6	6	6	6	6	6	6
7	保温工							5	5	5	5	5	5	5	5	5				
8	钳工																			
9	普工																		20	20
10	合计	9	9	9	36	36	36	41	41	41	41	33	33	33	33	33	28	28	67	67

序号	工种	2006年								2007年										高峰人数
		5月	6月	7月	8月	9月	10月	11月	12月	1月	2月	3月	4月	5月	6月	7月	8月	9月	10月	
1	通风工	40	40	50	50	70	70	70	70	50	50	40	40	20	20	20	20	10	10	70
2	管工	30	30	50	50	65	65	65	65	50	50	40	40	20	20	20	20	10	10	65
3	电工			15	15	40	40	50	50	60	60	45	45	40	40	20	20	20	20	60
4	焊工	30	30	30	30	30	30	30	30	20	20	20	20	15	15	10	10	10	10	30
5	油漆工	10	10	12	12	15	15	15	15	10	10	10	10	10	10	5	5	10	10	15
6	起重工	10	10	15	15	20	20	15	15	15	15	10	10	6	6	5	5	6	6	20
7	保温工			20	20	30	30	30	30	30	30	15	15	10	10	5	5	1	1	30
8	钳工	5	5	10	10	15	15	15	15	10	10	5	5	10	10	10	10	5	5	15
9	普工	30	30	30	30	40	40	40	40	20	20	16	16	16	16	10	10	2	2	40
10	合计	155	155	232	232	325	325	330	330	265	265	201	201	147	147	105	105	66	66	345

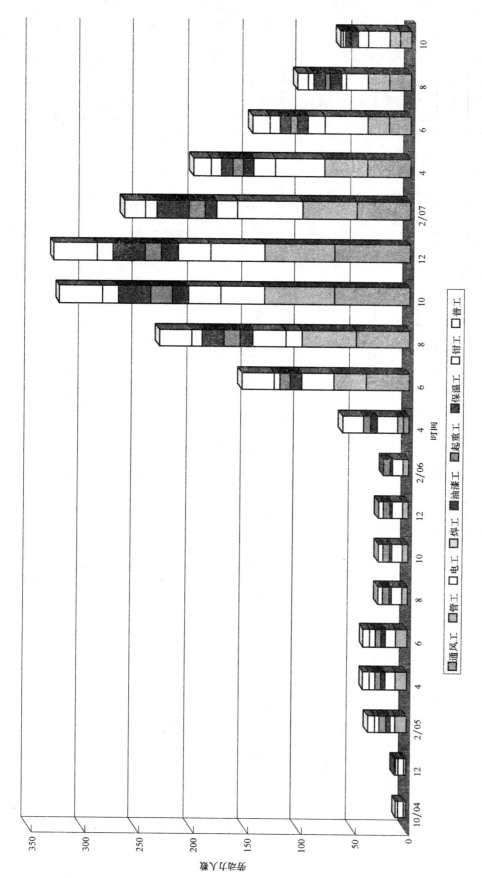

图 10-2 低区空调工程劳动力需求量

给水排水工程劳动力需用计划表

表 10-3

序号	工种	2004年			2005年												2006年				高峰人数
		10月	11月	12月	1月	2月	3月	4月	5月	6月	7月	8月	9月	10月	11月	12月	1月	2月	3月	4月	
1	管道工	8	15	15	15	6	20	20	20	18	43	53	53	53	53	53	53	40	65	65	90
2	电焊工	1	2	2	3		3	3	3	2	4	5	5	5	6	6	6	4	8	8	12
3	电工	2	2	2	2	2	2	2	2	2	2	2	2	2	2	2	2	2	2	2	3
4	保温工											1	1	16	16	16	16	16	16	24	46
5	起重工													2	2	2	2		2	2	45
6	合计	11	19	19	20	8	25	25	25	22	49	61	61	78	79	79	79	62	93	101	196

序号	工种	2006年								2007年									
		5月	6月	7月	8月	9月	10月	11月	12月	1月	2月	3月	4月	5月	6月	7月	8月	9月	10月
1	管道工	85	85	90	90	90	85	85	70	65	50	40	55	55	55	45	40	30	28
2	电焊工	12	12	12	12	12	12	12	9	8	6	4	6	6	6	4	4	4	4
3	电工	2	2	2	2	2	3	3	3	3	2	2	2	2	2	2	1	1	
4	保温工	28	35	35	35	46	45	35	25	10	10	10	10	10	8	8	8	6	6
5	起重工	2	2	4	4	6	6	6	6	4	4	3	2	2	2				
6	合计	129	136	143	143	156	151	141	113	90	72	59	75	75	73	59	53	41	38

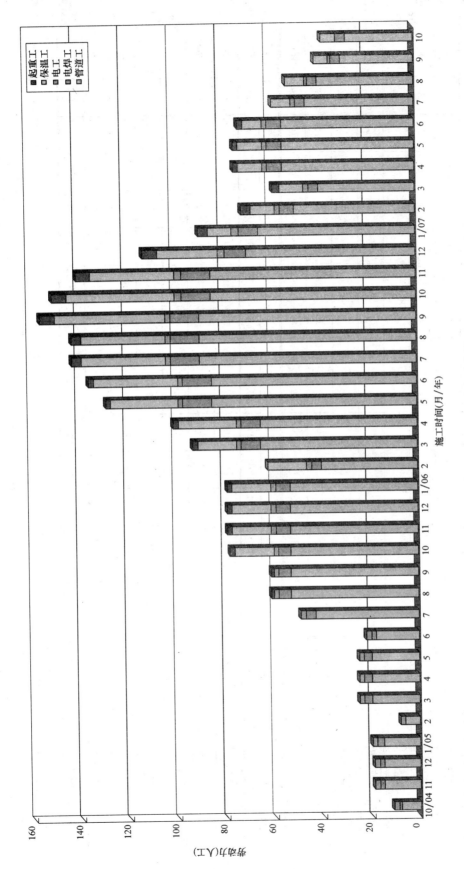

图 10-3 给水排水工程劳动力需求量

消防工程劳动力需用计划表

表10-4

序号	工种	2004年			2005年												2006年			
		10月	11月	12月	1月	2月	3月	4月	5月	6月	7月	8月	9月	10月	11月	12月	1月	2月	3月	4月
1	管工	8	8	8	8	8	8	8	8	8	66	66	66	66	66	66	62	66	90	98
2	焊工										6	6	6	6	6	6	6	6	8	8
3	电工																		5	5
4	油漆工															5	5			
5	起重工										5	5	5	5	5	5	5	5	5	5
6	杂工									6	12	12	12	12	12	12	14	14	18	18
7	合计	8	8	8	8	8	8	8	8	14	89	89	89	89	89	94	92	91	126	134

序号	工种	2006年								2007年										高峰人数
		5月	6月	7月	8月	9月	10月	11月	12月	1月	2月	3月	4月	5月	6月	7月	8月	9月	10月	
1	管工	158	218	259	267	275	210	173	173	109	87	56	53	42	24	24	15	15	12	275
2	焊工	16	20	20	20	20	16	16	12	10	8	6	6	4	4	4	4	4	4	20
3	电工	5	5	5	5	8	5	8	5	5	5	5	5	5	5	5	5	5		8
4	油漆工		5	5	5	5	5	5	5	5	5	5	5	5	5	5	5			5
5	起重工	8	12	12	12	12	12	12	12	8	8	6	6	4	4					12
6	杂工	30	44	44	44	44	30	30	24	24	20	20	20	15	12	8	5			44
7	合计	217	304	345	353	364	278	244	231	161	133	98	95	75	54	46	34	24	16	353

134

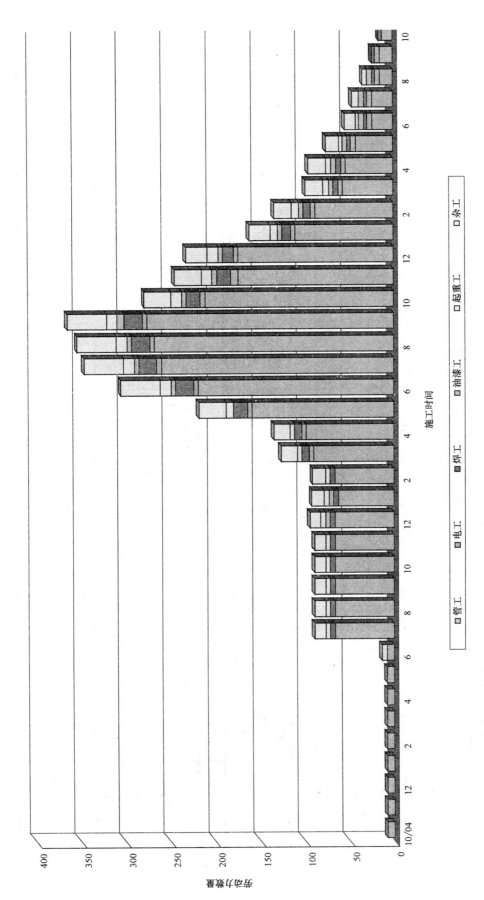

图 10-4　消防工程劳动力需求量

135

表 10-5

电气工程劳动力需用计划表

序号	工种	2004年			2005年												2006年			
		10月	11月	12月	1月	2月	3月	4月	5月	6月	7月	8月	9月	10月	11月	12月	1月	2月	3月	4月
1	安装电工	12	18	26	26	26	29	29	29	29	76	77	82	84	132	139	131	136	210	205
2	调试电工														5	5	5	5	5	5
3	焊工	5	5	5	5	5	5	5	5	5	7	7	7	7	12	10	10	10	10	10
4	油漆工	5	5	5	5	5	5	5	5	5	7	7	7	7	7	7	7	7	7	7
5	起重工														5	5	5	5	5	5
6	钳工	5	5	7	7	7	7	7	7	7	7	10	10	10	19	19	19	19	19	19
7	普工	6	6	7	7	7	8	8	8	8	18	19	19	20	34	35	35	40	44	50
8	合计	33	39	50	50	50	54	54	54	54	115	120	125	128	214	220	212	222	300	301

序号	工种	2006年								2007年										高峰人数
		5月	6月	7月	8月	9月	10月	11月	12月	1月	2月	3月	4月	5月	6月	7月	8月	9月	10月	
1	安装电工	205	307	355	330	352	376	374	374	341	171	172	118	157	84	46	27	20	10	376
2	调试电工	6	6	10	14	14	12	36	72	92	100	84	72	43	43	24	20	15	10	100
3	焊工	10	14	30	38	36	36	38	38	38	38	22	22	14	5	2	2	2	2	38
4	油漆工	8	8	15	20	20	19	19	17	17	17	17	17	10	5	2	2	2	2	20
5	起重工	5	7	18	30	30	29	29	24	22	12	7	7	5	5	5	5	2	2	30
6	钳工	20	20	38	70	70	70	74	74	74	74	74	74	29	29	14	8	5	2	74
7	普工	51	52	110	130	130	125	118	118	130	48	30	29	15	13	8	6	4	3	230
8	合计	305	414	566	632	652	667	688	688	634	460	406	339	273	184	101	70	50	31	868

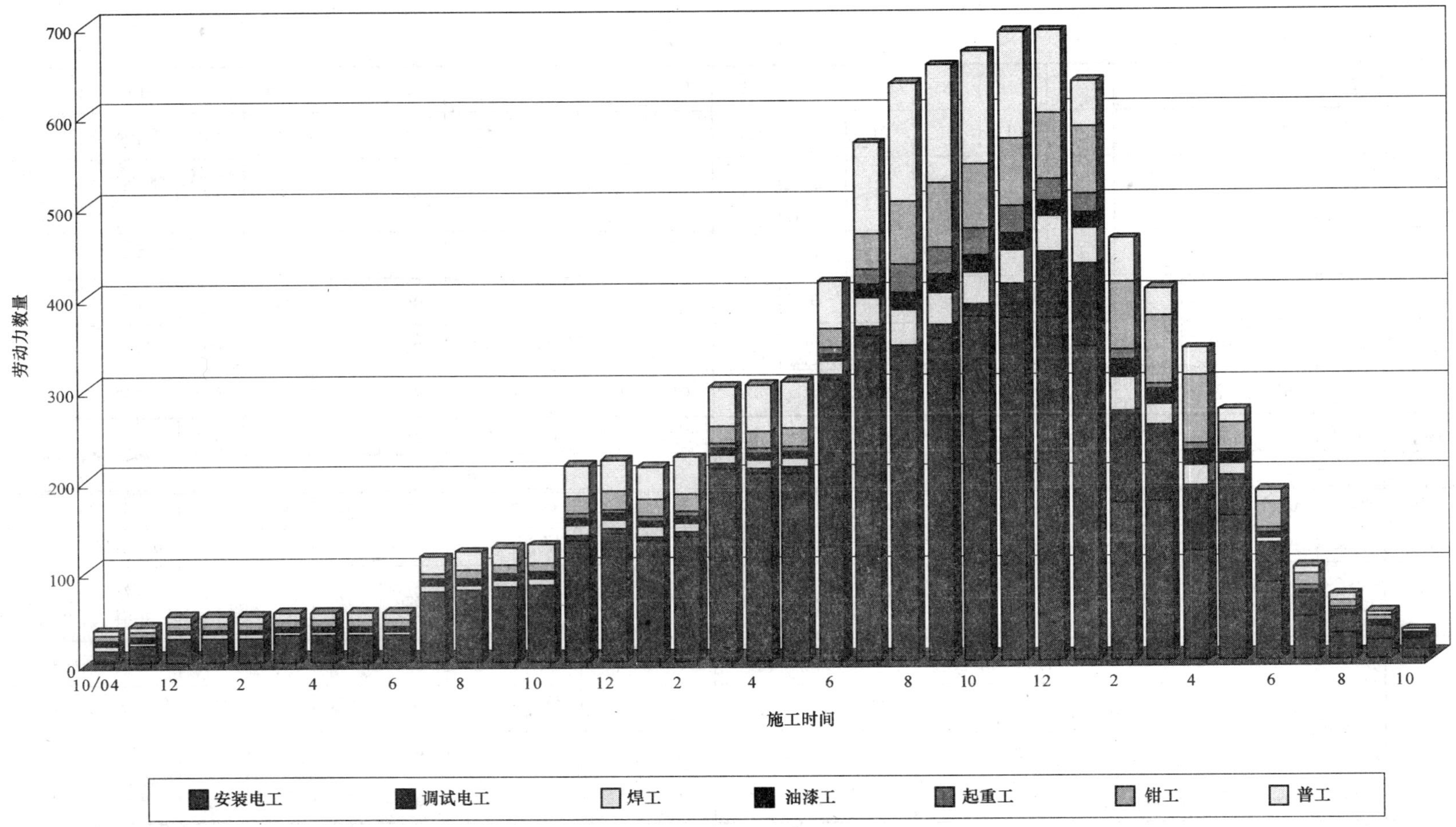

图 10-5 电气工程劳动力需求量

弱电工程劳动力需用计划表　　　　表 10-6

序号	工种	2004年			2005年												2006年			高峰人数
		10月	11月	12月	1月	2月	3月	4月	5月	6月	7月	8月	9月	10月	11月	12月	1月	2月	3月	
1	杂工	10	10	10	30	30	30	32	32	32	35	45	45	45	55	55	55	60	60	70
2	技工	6	6	6	16	16	16	16	16	16	20	20	20	25	25	25	25	35	35	35
3	电工	3	3	3	4	4	4	4	6	6	6	6	6	6	6	6	6	6	5	6
4	焊工	3	3	3	3	3	3	3	3	3	3	3	3	3	3	3	3	3	3	3
5	技术工程师	16	16	16	20	20	20	20	20	20	20	20	20	20	20	20	20	20	26	26
6	机动人员	8	8	8	12	12	12	12	12	12	12	12	12	12	15	15	15	15	15	15
7	合计	46	46	46	85	85	85	87	89	89	96	106	106	111	124	124	124	139	145	155

序号	工种	2006年								2007年										高峰人数
		5月	6月	7月	8月	9月	10月	11月	12月	1月	2月	3月	4月	5月	6月	7月	8月	9月	10月	
1	杂工	70	70	75	75	75	70	70	70	50	40	40	30	20	15	15	15	15	15	75
2	技工	40	40	50	50	50	55	55	55	65	65	50	40	40	40	20	10	10	10	65
3	电工	6	6	6	6	6	6	6	6	6	6	6	6	6	6	6	6	6	2	6
4	焊工	3	3	3	3	3	3	3	3	3	2	2	2	1	1	1	1	1	1	3
5	技术工程师	26	28	28	28	28	28	28	28	32	32	40	40	48	48	48	48	48	48	32
6	机动人员	15	15	15	15	15	15	15	15	15	10	10	10	10	10	10	10	10	5	15
7	合计	160	162	177	177	177	177	181	191	171	155	148	128	125	120	100	90	90	80	196

（4）在施工前，选定多个长期合作且信誉良好的材料的供应商签订供货合同，明确材料的供应时间、数量和质量，保证材料能及时供应，不影响现场施工；同时杜绝不合格材料进入施工现场。

（5）加强对市场的调查，特别是遇节假日，应提前准备，做好材料的进场工作，保证在节假日期间施工不受影响。

三、材料设备的保管措施

（1）设备材料验收入库必须妥善保管，并采取相应的保护措施。

（2）业主采购的设备、材料入库前应配合业主进行开箱检查，观察外观、检查质量，查验技术资料，核实规格型号、数量，并办理开箱记录认证手续，并由经理部统一保管、发放。

（3）设备材料入库前必须主动邀请业主进行开箱检查，当确定无误后方可入库保管。

（4）设备材料入库应及时入账登记注册，并悬挂醒目清晰的标识卡。领用后应及时减账，做到实物与账面相符。

（5）设备、材料入库实行分区域堆码，堆码必须整齐，井井有条，安全可靠，并留有一定的出货通道，严禁乱堆、混放。

（6）对易燃易爆的保管应设立单独的仓库。仓库外设灭火器，对易燃易爆品的领用应严格管理，责任到人。

（7）对需防潮的设备、材料均应入库保管。

四、应用案例

以【例7-1】中工程项目的建筑设备工程为例说明。空调工程主要设备材料进场时间计划见表10-7和表10-8；给水排水工程主要设备材料进场时间计划见表10-9；消防工程主要设备材料进场时间计划见表10-10；电气工程主要设备材料进场时间计划见表10-11；弱电工程主要设备材料进场时间计划见表10-12。主要设备材料进场时间计划需要填入设备材料名称、进场的总数量和每个时间段进场的数量。

第三节　施工主要机具及检测设备配置计划

本节主要介绍编制建筑设备工程施工主要机具及检测设备配置计划的依据、供应保证措施，并结合实际工程案例讲述配置施工主要机具及检测设备的详细内容。

一、编制依据

根据施工总进度计划、施工方案和工程量，并套用机械产量定额求得需求量编制施工主要机具及检测设备配置计划。

二、施工主要机具及检测设备供应保证措施

（1）按施工进度和施工阶段，编制主要机具及检测设备的供应计划，以便有计划、有组织地进场。

（2）加强机械设备的保养工作，在进场前对所有机具都要进行试运行，试运行无问题后方可组织进场。

（3）及时对检测设备送检，确保检测设备在检定周期内使用。

（4）各种机械设备采取定机定人定岗，设备的操作人员应有3年以上工作经验并具有

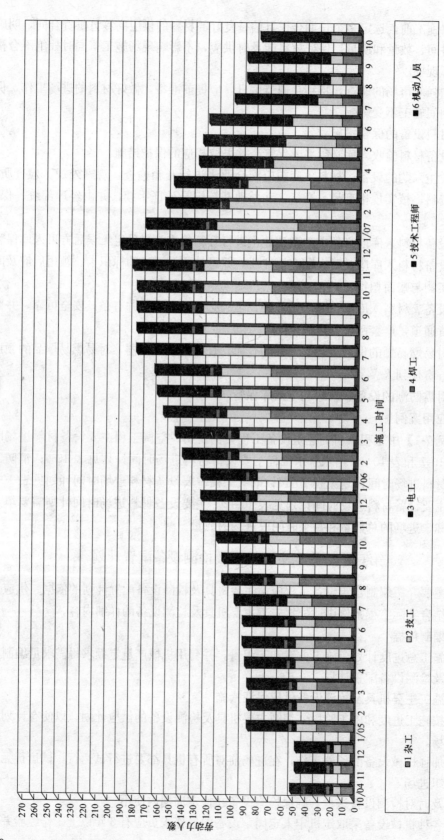

图 10-6 弱电工程劳动力需求量

表 10-7

高区空调系统主要设备材料进场时间计划

序号	设备材料名称	进场数量（总数量）	2004年10月~2005年6月	2005年		2006年				2007年	
				7~9月	10~12月	1~3月	4~6月	7~9月	10~12月	1~3月	4月~竣工
1	碳素钢管	1000000m									
2	不锈钢管										
3	镀锌钢板	149700m²	19000m²	18000m²	24000m²	23000m²	29700m²	29000m²	7000m²		
4	板式热交换器	39台			10台	20台		9台			
5	水泵	58台			16台	32台		10台			
6	集（分）水器	26台			6台	15台		5台			
7	膨胀水箱	17台			8台	5台		4台			
8	空调机组	376台			89台	85台	85台	86台		31台	
9	风机盘管										
10	风机	296台			72台	51台	51台	52台		69台	
11	管道阀门										
12	BAS阀门										
13	防火阀、调节阀	4938个		950个	950个	970个	1000个	1000个	68个		
14	风口	26337个				3380个	3384个	4273个	5270个	6680个	3350个
15	消声器、静压箱	5862个		800个	1000个	1250个	1300个	1400个	112个		
16	CAV、VAV装置	1566个		300个	308个	313个	322个	323个			
17	保温材料	4395m³			573m³	822m³	1000m³	1200m³	700m³	100m³	
18	防火板	498m³			80m³	100m³	100m³	120m³	78m³	20m³	
19	软管	67500m		8800m	11800m	14000m	15500m	17400m			

低区空调系统主要设备材料进场时间计划

表 10-8

序号	设备材料名称	进场数量（总数量）	2004年10月~2005年6月	2005年		2006年				2007年	
				7~9月	10~12月	1~3月	4~6月	7~9月	10~12月	1~3月	4月~竣工
1	镀锌铁皮	55000m²					14000m²	21000m²	20000m²		
2	冷水机组	8台						8台			
3	锅炉	6台					6台				
4	冷却塔	8台							8台		
5	板式热交换器	6台					6台				
6	水泵	30台						30台			
7	集、分水器	13台					13台				
8	膨胀水箱	3台								3台	
9	空调机	66台						39台		27台	
10	风机盘管	151台						34台		117台	
11	风机	227台						115台		112台	
12	防火阀、调节阀	1048台					按风管安装计划进场				

给水排水系统主要设备材料进场时间计划

表 10-9

序号	设备材料名称	进场数量（总数量）	2004年10月~2005年6月	2005年		2006年				2007年	
				7~9月	10~12月	1~3月	4~6月	7~9月	10~12月	1~3月	4月~竣工
1	不锈钢管道	1500m	1500								
2	镀锌钢管	900m		900							
3	排水铸铁管、PVC管材	200000m	100000m	100000m							
4	铜管	600000m	200000m	200000m		200000m					
5	排污泵	110台						110台			
6	阀门、橡胶软接头、地漏等	6300个	3000个			3300个					
7	电热水器	238台								238台	
8	水箱	4个	2个				2个				

序号	设备材料名称	进场数量（总数量）	2004年10月～2005年6月	2005年		2006年				2007年	
				7～9月	10～12月	1～3月	4～6月	7～9月	10～12月	1～3月	4月～竣工
9	给水泵、变频水泵	22台								22台	
10	透气帽、雨水斗	18个								18个	
11	管道保温材料	3100m³	1000m³	1000m³		1100m³					
12	洗脸盆、大便器、小便器等卫生器具及配件	840个									840个
13	组装式卫生间	38个									38个

消防工程主要设备材料进场时间计划

表10-10

序号	设备材料名称	进场数量（总数量）	2004年10月～2005年6月	2005年		2006年				2007年	
				7～9月	10～12月	1～3月	4～6月	7～9月	10～12月	1～3月	4月～竣工
1	套管用钢管	648m	534m	34m		40m		40m			
2	低压流体输送镀锌焊接钢管	191539m		19038m	20483m	40967m	30483m	35520m	22483m	22563m	
3	低压流体输送用焊接钢管	26888m		5698m		5398m	5498m	4594m	5698m		
4	碳钢压力钢管	5562m		1145m	524m	526m	1654m	642m	1070m		
5	室内消火栓箱	205套				40套	38套		67套	70套	
6	室内消火栓箱（带卷盘）	645套				132套	130套		189套	194套	
7	水泵结合器	7套								7套	
8	室外消火栓	7套								7套	
9	湿式报警阀	76组		19组	7组	7组	23组	9组	11组		
10	水泵及控制柜	32台				4台	4台	20台		4台	
11	阀门	1604个		185个	150个	336个	269个	292个	209个	163个	
12	喷淋头	71828只				13364只		12354只	22456只	23654只	840只
13	CO₂储气瓶	249套				15套	44套	17套	128套	45套	38套
14	FM200储气瓶	12套							12套		

电气安装工程主要设备材料进场时间表

表 10-11

序号	设备材料名称	进场数量（总数量）	2004年10月～2005年6月	2005年		2006年				2007年	
				7～9月	10～12月	1～3月	4～6月	7～9月	10～12月	1～3月	4月～竣工
1	金属电线管	538000m	3000m	75000m	75000m	75000m	75000m	75000m	75000m	75000m	10000m
2	PVC管	7500m									7500m
3	接地铜母线	23500m			3700m	4500m	5500m	5500m	2500m	1800m	
4	电缆桥架	27610m			2600m	3900m	3900m	7800m	7800m	1610m	
5	照明金属线槽	26746m						23774m	2922m		
6	电线	2230800m			74400m	223000m	250000m	462000m	462000m	462000m	297400m
7	电缆	228135m				30000m	33000m	30000m	135135m		
8	母线	711m			97m	82m	67m	384m		81m	
9	配电箱	984台			127台	157台	362台	193台	85台	60台	
10	低压配电柜	630台			132台	129台	60台	64台	159台	86台	
11	高压配电柜	214台			36台	36台	18台	18台	85台	21台	
12	变压器	73台			12台	16台	8台	6台	19台	12台	
13	发电机组	4套						4套			
14	室内灯具	83970套				3820套	11460套	11460套	19095套	19095套	19040套
15	室外灯具	2598套								2598套	
16	航空障碍灯	14套									14套
17	开关	4949个				1000个	1000个	1000个	1000个	500个	14个
18	插座	9292个				2000个	2000个	2000个	2000个	1000个	292个

144

表 10-12

弱电工程主要设备材料进场时间计划

序号	设备材料名称	进场数量（总数量）	2004年10月~2005年6月	2005年		2006年				2007年	
				7~9月	10~12月	1~3月	4~6月	7~9月	10~12月	1~3月	4月~竣工
1	钢管及其辅材	5000m	2000m			1000m					
2	主楼桥架及其安装辅材	10000m		5000m					5000m		
3	主楼钢管及其辅材	45000m		30000m				15000m			
4	主楼各类线缆	400000m			300000m				100000m		
5	裙楼及地下层桥架及其安装辅材	13000m					7000m		6000m		
6	裙楼及地下层钢管及其辅材	25000m					20000m			5000m	
7	裙楼及地下层各系统各类线缆	200000m				200000m			200000m		
8	系统各前端安装面板、控制器	38100个				28100个				10000个	
9	系统各前端安装面板、控制器	40000个				30000个				10000个	
10	系统主控制设备	104台									104台

相应的操作资格证书，进场前统一进行考核，不合格者需重新进行培训，确保操作人员能熟练掌握机械设备的操作规程，使机械设备能充分发挥其效率。

（5）手持电动工具准备要求：露天、潮湿场所或在金属构架上操作时，必须用二类手持电动工具，并装设额定动作电流小于 15mA、额定动作时间小于 0.1s 的漏电保护器；手持电动工具的负荷线必须采用耐气候型橡皮护套铜芯软电缆，并不应有接头；手持电动工具的外壳、手柄、负荷线、插头、开关必须完好无损，使用前必须作空载检查，运行正常后方可使用；手持电动工具的保护零线，应使用绝缘良好的多股铜线橡皮电缆，其芯线截面不小于 1.5mm²，其颜色为黄/绿双色。

（6）焊接机具准备要求：焊接机械应放置在防雨和通风良好的地方，焊接现场不准堆放易燃易爆物品。交流弧焊机变压器一次侧电源线长度小于 5m，进线处必须设防护罩；焊接机械二次侧采用 THS 型橡皮护套软电缆，其长度应小于 30m。

（7）其他各类机具准备要求：使用各类机具必须按操作规程进行操作，机具操作空间应足够，机具必须绝缘并且确保不漏电，机具电源线不得有接头，用后收好。

（8）照明准备要求：在潮湿和易触电场所的照明，电源电压应不大于 24V，在特别潮湿的场所，导电良好的地面等，照明的电源电压应不大于 12V。

三、应用案例

以【例 7-1】中的工程项目建筑设备工程为例。空调工程主要机具及检测设备需用计划详见表 10-13 和表 10-14；给水排水工程主要机具及检测设备需用计划详见表 10-15；消防工程主要机具及检测设备需用计划详见表 10-16；电气工程主要机具及检测设备需用计划详见表 10-17；弱电工程主要机具及检测设备需用计划详见表 10-18。制作主要机具及检测设备需用计划需要填写设备名称、设备型号、单位、数量和进场时间等。

低区空调工程主要机具检测设备需用计划表　　　　　　　　表 10-13

序号	设备名称	型号	单位	数量	进场时间	备注
1	风管自动生产线	V 型	套	1	场外加工车间	
2	共板式法兰(TDF 及 TDC)机	T-15D	套	1	场外加工车间	
3	自动环缝焊接设备	TIG 焊	套	1	场外加工车间	
4	风管咬口机	LA-20,LC-15	台	2	场外加工车间	
5	液压折方机	WY-TDF1×1200	台	1	2006 年 4 月	
6	手动折方机	WS1.2×1280B	台	1	2006 年 4 月	
7	卷圆机	JY1.5-120	台	1	2006 年 4 月	
8	电剪	DJ-200	台	5	2006 年 4 月	
9	冲击钻	TE-25	台	10	2006 年 4 月	分批
10	砂轮切割机	J3G2-400	台	6	2006 年 4 月	
11	砂轮机	MD3215VC	台	4	2006 年 4 月	
12	电动试压泵	3D-SY	台	1	2006 年 12 月	
13	手动试压泵	SY-25	台	2	2006 年 12 月	
14	交流电焊机	BX3-300	台	7	2005 年 1 月	分批
15	直流电焊机	5KVA	台	3	2005 年 1 月	

146

序号	设备名称	型号	单位	数量	进场时间	备注
16	氩弧焊机	WS415	台	3	2005 年 1 月	
17	台钻	Z4116/2B	台	4	2005 年 1 月	
18	套丝机	TC10	台	3	2005 年 1 月	
19	卷扬机	TC10	台	4	2005 年 1 月	
20	等离子切割机	ACL3100	台	1	场外加工车间	
21	管道坡口机	SD1045	台	2	2005 年 1 月	
22	液压铆接钳	YW-200	台	2	2005 年 1 月	
23	倒链	5t/3t/2t	只	16	2005 年 8 月	分批
24	起道机	15t/10t	台	2/2	2005 年 11 月	
25	手动叉车	BF	台	3	2005 年 8 月	
26	电动叉车	AF12A	台	2	2005 年 8 月	
27	升降机	液压式/套缸式/手提式	台	2/2/4	2005 年 9 月	分批
28	液压拖车	5t/2t	台	2/4	2005 年 8 月	分批
29	空气压缩机	PS40120	台	2	2006 年 11 月	
30	无线电对讲机	摩托罗拉	台	20	2005 年 1 月	分批
检测设备						
31	游标卡尺	0.02mm/0-300	个	10	2005 年 1 月	分批
32	千分尺	0-250	个	10	2005 年 1 月	分批
33	磁性线锤		个	20	2005 年 1 月	分批
34	噪声计	DSL-660	个	2	2006 年 12 月	
35	兆欧表	数字式	个	4	2006 年 12 月	
36	接地电阻测试仪	4105 数字式	个	4	2006 年 12 月	
37	钳形表	F300	个	4	2006 年 12 月	
38	万用表	2000 型	个	4	2006 年 12 月	
39	温湿度仪	FYTH-1	个	2	2006 年 12 月	
40	风速仪	AVM-07	个	2	2006 年 12 月	
41	风压计	Manoair100	个	2	2006 年 12 月	
42	转速表	数字式	个	2	2006 年 12 月	
43	红外线温度感应器		个	2	2006 年 12 月	

高区空调工程主要机具检测设备需用计划表　　　　　　表 10-14

序号	设备名称	型号	单位	数量	进场时间	备注
1	风管自动生产线	V 型	套	1	场外加工车间	
2	TDF 共板式法兰机	T-15D	套	1	场外加工车间	
3	自动环缝焊接设备	TIG 焊	套	1	场外加工车间	
4	风管咬口机	LA-20, LC-15	台	2	场外加工车间	
5	液压折方机	WY-TDF1.5×1200	台	1	2005 年 6 月	

序号	设备名称	型号	单位	数量	进场时间	备注
6	手动折方机	WS1.2×1280B	台	1	2005 年 6 月	
7	卷圆机	JY1.5-120	台	1	2005 年 6 月	
8	电剪	DJ-200	台	5	2005 年 6 月	
9	冲击钻	TE-25	台	10	2005 年 6 月	分批
10	砂轮切割机	J3G2-400	台	6	2005 年 6 月	
11	砂轮机	MD3215VC	台	4	2005 年 12 月	
12	电动试压泵	3D-SY	台	2	2005 年 12 月	
13	手动试压泵	SY-25	台	2	2005 年 12 月	
14	交流电焊机	BX3-300	台	7	2005 年 6 月	分批
15	直流电焊机	5KVA	台	3	2005 年 6 月	
16	氩弧焊机	WS415	台	3	2005 年 8 月	
17	台钻	Z4116/2B	台	4	2005 年 6 月	
18	套丝机	TC10	台	3	2005 年 8 月	
19	卷扬机	TC10	台	4	2005 年 8 月	
20	等离子切割机	ACL3100	台	1	场外加工车间	
21	管道坡口机	SD1045	台	2	2005 年 8 月	
22	液压铆接钳	YW-200	台	2	2005 年 8 月	
23	倒链	5t/3t/2t	只	16	2005 年 8 月	分批
24	起道机	15t/10t	台	2/2	2005 年 11 月	
25	手动叉车	BF	台	3	2005 年 8 月	
26	电动叉车	AF12A	台	2	2005 年 8 月	
27	升降机	液压式/套缸式/手提式	台	2/2/4	2005 年 9 月	分批
28	液压拖车	5t/2t	台	2/4	2005 年 8 月	分批
29	空气压缩机	PS40120	台	2	2005 年 11 月	
30	无线电对讲机	摩托罗拉	台	20	2005 年 6 月	分批
检测设备						
31	游标卡尺	0.02mm/0-300	个	10	2005 年 6 月	分批
32	千分尺	0-250	个	10	2005 年 6 月	分批
33	磁性线锤		个	20	2005 年 8 月	分批
34	噪声计	DSL-660	个	2	2006 年 3 月	
35	兆欧表	数字式	个	4	2005 年 8 月	
36	接地电阻测试仪	4105 数字式	个	4	2005 年 8 月	
37	钳形表	F300	个	4	2005 年 8 月	
38	万用表	2000 型	个	4	2005 年 8 月	
39	温湿度仪	FYTH-1	个	2	2006 年 3 月	
40	风速仪	AVM-07	个	2	2006 年 3 月	
41	风压计	Manoair100	个	2	2006 年 3 月	
42	转速表	数字式	个	2	2006 年 3 月	
43	红外线温度感应器		个	2	2006 年 3 月	

给水排水工程主要机具检测设备需用计划表

表 10-15

序号	设备名称	型号	单位	数量	进场时间	备注
1	电动套丝机	DN100	台	12	2005 年 6 月	
2	砂轮切割机	1.1kW	台	13	2005 年 6 月	
3	自动焊机(TIG)		台	5	2005 年 6 月	
4	砂轮锯	$\phi300mm$	台	5	2005 年 6 月	
5	试压泵	0～4MPa	台	5	2005 年 6 月	
6	电焊机	BX 型	台	15	2005 年 6 月	
7	弯管器	$\phi80mm$	台	5	2005 年 6 月	
8	台钻		台	5	2005 年 6 月	
9	电动液压煨弯机		台	2	2005 年 6 月	分批
10	液压铸管切割机	YZGJ-A	台	2	2005 年 6 月	
11	倒链		把	10	2005 年 6 月	
12	捻凿	1 号、2 号、3 号	把	5	2005 年 6 月	
13	管钳	150～600mm	把	15	2005 年 6 月	
14	麻绳	$\phi20$	米	30	2005 年 6 月	分批
15	活扳手	100～600mm	把	20	2005 年 6 月	
16	虎钳	15～115	把	12	2005 年 8 月	
17	气焊设备		套	16	2005 年 6 月	
18	铁锹	2～4 号	把	15	2005 年 8 月	
19	电缆压接钳	VTC-95～240	台	8	2005 年 8 月	
20	手动套丝机、压力钳及案子	2 寸、3 寸	台	8	2005 年 8 月	
21	手动弯管器	32 以下	台	30	2005 年 8 月	
22	链条管钳		把	6	2005 年 8 月	
23	管道疏通机	JG-180	台	2	2005 年 8 月	分批
24	铜管钎焊专用器具	600W	套	2	2005 年 11 月	
25	交流电焊机	0.5～1.6mm TK-16	台	5	2005 年 8 月	
26	起重设备		套	5	2005 年 8 月	
27	手动工具		套	若干	2005 年 9 月	分批
		检测设备				
28	水准仪	DSZ10、DS10	台	3	2005 年 6 月	分批
29	水平尺	150～600mm	台	10	2005 年 6 月	分批
30	压力表	0～2.5MPa	块	各 30	2005 年 8 月	分批
31	钢卷尺	3m、5m、30m	对	50	2006 年 3 月	
32	游标卡尺	0～300mm、0.02mm	把	20	2005 年 8 月	
33	塞尺	150A14	把	20	2005 年 8	

消防工程主要机具设备配置计划表

表 10-16

序号	设备名称	型号	单位	数量	进场时间	备注
1	钢管钻孔机	KB-114	台	3	2005 年 6 月	
2	砂轮切割机	DGC355A	台	8	2004 年 9 月	
3	角向磨光机	DMJ100A	台	12	2004 年 9 月	
4	切管套丝机	TQ-100CG	台	8	2005 年 6 月	

149

序号	设备名称	型号	单位	数量	进场时间	备注
5	手电钻	DDZ-10A	台	3	2006 年 2 月	
6	冲击钻	DDC28A	台	18	2004 年 9 月	
7	钢管压槽机	GC-12B	台	6	2005 年 5 月	
8	坡口机	CGK-300	台	4	2005 年 5 月	
9	手动试压泵	5 MPa	台	6	2005 年 5 月	
10	电动试压泵	DSB-6-25	台	4	2005 年 5 月	
11	交流电焊机	23～28kVA	台	6	2004 年 9 月	
12	手提式电焊机	5KVA	台	3	2004 年 9 月	
13	台钻	ZQS4116	台	8	2004 年 9 月	
14	空气压缩机	PS40120	台	2	2005 年 12 月	
15	手动液压叉车	2t	台	1	2005 年 6 月	
16	液压手推车	2t	辆	4	2005 年 6 月	
17	倒链	1～5t	副	18	2005 年 6 月	

电气工程主要机具检测设备需用计划表　　　　表 10-17

序号	设备名称	型号	单位	数量	进场时间	备注
1	交流电焊机	BX3-300	台	6	2004 年 10 月	
2	汽车吊	根据设备重量	台	4	吊运时租赁	
3	台钻	DP-25	台	10	2004 年 10 月	
4	冲击钻	TE-24 TE-42	台	40	2004 年 10 月	
5	电钻	6～13mm	台	15	2004 年 10 月	
6	弯管机	SYM-3A	台	4	2004 年 10 月	
7	切割机	J3G2-400	台	10	2004 年 10 月	
8	磨光机	Z1M-KY01-00	台	10	2004 年 10 月	
9	轻便套丝机		台	20	2004.10	
10	空气压缩机	PS40120	台	4	2004 年 12 月	
11	电动葫芦	PK10N-4F	台	8	2005 年 10 月	
12	油压千斤顶	T91001	台	4	2005 年 10 月	
13	手动液压托盘搬运车	CBY-2.5	台	5	2005 年 10 月	
14	母线折弯机	XT200-A	台	1	2005 年 10 月	
15	卷扬机		台	1	2005.10	
16	吊式电缆放线架		台	3	2005 年 10 月	
17	电缆送线机	IS-180FBO	台	1	2005 年 10 月	
18	电缆滑轮	IS-4W	只	80	2005 年 10 月	
19	分体式液压钳	QYF-630	把	1	2005 年 10 月	
20	手动式液压钳	QYS-120	把	3	2005 年 10 月	
21	手动式液压钳	QYS-240	把	3	2005 年 10 月	

序号	设备名称	型号	单位	数量	进场时间	备注
22	手动电缆剪	CC-520	只	3	2005年10月	
23	电动电缆剪	REC-50-230	只	1	2005年10月	
24	多功能剥皮器	SH-50	台	3	2005年10月	
25	电子标签机	PT-5000K	台	3	2005年10月	
26	液压冲孔机	SH-10(B)	台	2	2005年10月	
27	对讲机	2290ZWP	台	20	2004年10月	
28	移动式液压升降平台	SJYO 5～6	台	3	2005年10月	
29	起道机	15t	台	3	2005年8月	
检测仪器						
1	水平尺	0.1mm/m	个	8	2004年11月	
2	经纬仪	J2 精度1	个	2	2004年11月	
3	游标卡尺	0.02mm/0-300	个	8	2004年11月	
4	千分尺		个	3	2004年11月	
5	焊接检验尺		个	10	2004年11月	
6	塞尺		个	3	2004年11月	
7	吊线靠尺		个	25	2004年11月	
8	角尺		个	10	2004年11月	
9	直尺		个	50	2004年11月	
10	钢卷尺	30m	个	400	2004年11月	
11	线锤		把	25	2004年11月	
12	转速表		台	2	2004年11月	
13	红外线测距仪	ND3000/2000		1	2005年4月	
14	绝缘摇表	500MΩ、1000MΩ	台	4	2005年4月	
15	接地电阻测试仪	ZC29B-1	台	1	2005年4月	
16	万用表(钳形)	500 型	台	6	2005年4月	
17	试验变压器	YD15-150	台	1	2005年4月	
18	试验变压器调压控制箱	TC-25	台	1	2006年9月	
19	变压器综合测试仪	CD9866	台		2006年8月	
20	高压断路器测试仪	DC-2000	台	1	2006年4月	
21	电缆测试仪	RLC-2000	台	1	2006年4月	
22	双臂电桥	QJ44	组	1	2006年6月	
23	电压表	T275-300	台	1	2005年6月	
24	电流表	T20-5-10A	台	1	2005年6月	
25	数字高压核相器	FPC	台	1	2006年8月	
26	直流高压发生器	ZGF602	台	1	2006年4月	
27	大电流发生器	DDG-5/1000	台	1	2006年8月	
28	避雷器测试仪	BLQ-Ⅱ	台	1	2006年6月	

弱电工程主要机具检测设备需用计划表 表 10-18

序号	设备名称	型号/品牌	单位	数量	进场时间	备注
1	电脑及打印机	联想	台	18	2007 年 6 月	
2	冲击钻	博士	台	8	2006 年 4 月	
3	切割机	日立	台	2	2006 年 4 月	
4	打磨机	博士	台	2	2006 年 4 月	
5	电焊机	6.5kW	台	2	2005 年 4 月	
6	手电枪钻	博士	台	8	2005 年 4 月	
7	普通万用表		台	12	2005 年 4 月	
8	兆欧表(1000V)	ZC25B-4	台	4	2005 年 4 月	
9	钳形万用表	MG27	台	4	2005 年 4 月	
10	接地电阻测试表	ZC29B-1	台	3	2006 年 6 月	
11	对讲机		台	20	2006 年 4 月	
12	打线工具		台	16	2006 年 10 月	
13	布线测试仪	FLUKE	台	2	2006 年 10 月	
14	光纤测试仪	FLUKE	台	2	2006 年 10 月	
15	连通测试仪	4	台	16	2006 年 10 月	

第十一章 工程质量管理

本章重点讲述施工单位对工程质量管理的框架内容。施工单位为了达到工程质量目标，通常要对工程进行质量策划、编制质量管理流程、提出质量保证措施和成品保护具体措施，并在施工过程中严格遵守执行。

第一节 质 量 策 划

质量策划主要包括制定质量目标、进行资源配置和制定施工过程质量控制阶段的具体内容。

一、质量目标

工程质量目标是确保招标范围内的建筑设备工程质量达到合格标准，不影响总承包单位的整体创优目标。首先确定分部、分项质量控制目标，再通过对各个分部、分项质量的控制来保证一个单位工程质量目标的实现。

二、资源配置

资源的配置包括人力资源配备、设备材料的供应、机械设备及检测器具的配置等，配置必须合理，并且最大限度地满足施工要求。

三、施工过程控制

对施工过程的质量控制是质量管理体系中最关键的环节，将以事前控制、事中控制为主，事后控制为辅，充分达到质量预控目的，从而实现以过程保证结果的目标。质量控制阶段划分及控制内容如下：

1. 事前控制

工程开工前应建立完善的质量保证体系、质量管理体系、质量创优计划，制定现场的各种管理制度，完善计量及质量检测技术和手段。分部分项工程施工开始前应进行设计交底、图纸会审、深化设计、组织编制施工组织设计、施工方案，并对施工班组进行交底。技术交底可以作业指导书的形式进行，作业指导书中应有施工方法、质量控制要点、质量标准等内容。

2. 事中控制

事中控制是指施工进行中的质量控制，是质量控制的关键，主要为：完善工序质量控制，把影响工序质量的因素都纳入管理的范围，及时检查和审核质量统计分析资料和质量控制图表，抓住关键问题，进行处理和解决。

3. 事后控制

事后控制是指对施工成品进行质量评价，由专职质量控制工程师按规定的检验方法、验收标准进行检测复核验评。复核不合格的必须返工整改，并对相关责任人给予处罚。施工过程质量控制应以人为核心，把对产品质量的检查转向对工作质量的检查、对工序的检查、对中间产品的质量检查，质量检查实行"三检制"，实施跟踪检查，坚持用数据说话。

施工过程质量控制需加强对设备、材料质量的管理。凡工程所用的材料设备必须符合国家、地方的规范和行业标准，进场材料设备必须有相应的质量证明资料，确保材料、设备的质量能达到相应的质量标准，设备材料的选用必须确保一致性。

4. 持续改进

项目工作持续改进体现在服务和工程质量两个方面，在服务方面，作为机电安装施工单位，对于业主、总承包商，就工程质量对其负责，并对业主的其他合理要求予以满足，为业主的技术人员进行培训。对于总承包商，密切协助其搞好工程质量、安全生产、文明施工，确保工程优质、高速地完成。持续改进反映在工程质量上，主要是通过对产品实现的过程进行测量和监控，对工序产品和最终产品进行测量和监控，并对测量的数据进行统计分析，制定相应的改进措施。通过开展"QC"活动，通过"PDCA"有效循环，使工程质量不仅仅局限于满足规范、标准，而且时刻处于一种持续改进的良性状态之中。具体的"QC"活动课题在工程施工前详细制定。

第二节 质量管理流程

质量管理流程主要以质量目标量化分解、质量保证体系、质量保证程序、质量信息反馈体系4大步骤进行。

一、质量目标量化分解

为保证总体质量目标的顺利实现，结合工程特点，对总体质量目标进行分解、量化，使质量目标融于切实可行的日常管理工作中。将总体质量目标分解为分部、分项质量控制目标，通过对各个分部、分项质量的控制来确保整体机电安装分包工程质量目标的实现。对质量控制的各要素从项目组织、原材料采购、施工过程、竣工后的回访服务形成一套成熟、完整的质量管理制度。将根据 ISO 9000 标准和《项目管理程序文件》，针对工程编制项目质量计划，按照过程精品、动态管理、接点考核、严格奖罚的原则，确保每个分项工程质量达到合格。

二、质量保证体系

质量保证体系是通过一定的制度、规章、方法、程序、机构等，把质量保证活动系统化、标准化、制度化。项目按 GB/T 1900 和 ISO 9001 标准，根据企业质量方针和质量体系文件的要求，开展全面质量管理活动；编制项目《质量计划》、《质量保证制度》和《过程精品实施计划》，并把质量职能分解，严格按照计划实施，确保每一道工序都是优质，都是精品，以过程精品铸精品工程。根据工程的实际情况，建立由项目经理领导，项目总工程师负责的项目质量管理机构。质量保证体系运转图如图 11-1 所示，使整个质量保证体系协调运作，使工程质量始终处于受控状态。

三、质量保证程序

质量保证程序是从确认方案保证开始，再确认人员素质保证、原材料质量保证、操作过程保证、机具保证和施工环境保证，从而使产品质量得到保证。质量保证程序图如图 11-2 所示。

四、质量信息反馈体系

质量信息反馈体系由方案编制、审批、技术交底、工序操作、质检员初检、质检员复检，最后由业主审批共七个步骤构成。当遇到被否定的信息后应及时反馈到前一个步骤，

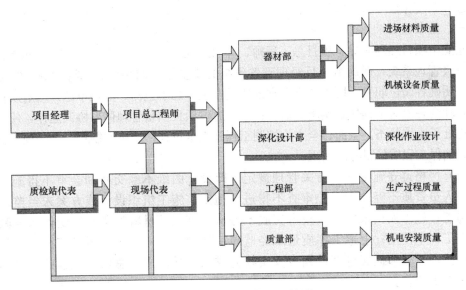

图 11-1　质量保证体系运转图

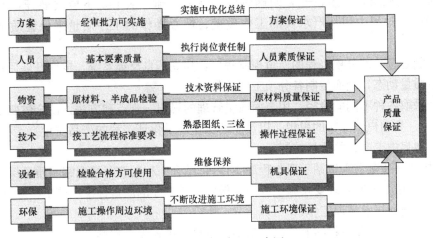

图 11-2　质量保证程序图

最终得到业主认可便进入下一道工序，如图 11-3 所示。

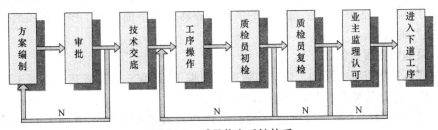

图 11-3　质量信息反馈体系

第三节　质量保证措施

质量保证措施包括组织保证、采购物资质量保证、技术保证、计量管理保证、试验检测保证和制度保证 6 大保证措施。

一、组织保证

建立由项目经理领导，项目总工程师、部门经理、专业工长中间控制、专职质检员检查的三级管理系统，形成由项目经理到各班组的质量管理网络。制定科学的组织保证体系，并明确各岗位职责。同时认真自觉地接受业主、总承包商、监理单位、政府质量监督机构和社会各界对工程质量实施的监督检查。通过项目质量管理体系协调运作，使工程质量始终处于受控状态。全面、全方位控制工程施工全过程，严格控制每一个分项工程的质量，以确保工程质量目标的实现。

（1）严格遵守施工现场有关管理规定。即设计图纸不经交底和会审不得施工；机电安装人员资质不经监理单位审查不得进场施工；施工组织设计或方案未经监理审批不得施工；施工人员未经施工技术交底不得从事施工；材料设备及构配件未报验审签不得在工程中使用；上道工序质量未经监理工程师认可不得进行下道工序；每月定期向现场监理工程师提交进度计划表及实物完成工程量，未经总监理工程师认可不得进行工程竣工验收。

（2）实现目标管理，进行目标分解，按工程及分部分项工程落实到责任人，从项目的各部门到班组，层层落实，明确责任，制定措施，从上至下层层展开，使全体职工在生产的全过程中用从严求实的工作质量、精心操作的工序质量来保证质量目标的实现。

（3）制定各分部分项工程的质量控制程序，建立信息反馈系统，定期开展质量统计分析，掌握质量动态，全面控制各分项工程质量。

（4）采取各种不同的途径，用全面质量管理的思想、观点和方法，使全体职工树立起"质量第一、为用户服务"的思想，以员工的工作质量保证工程的产品质量。

（5）加强施工准备的质量控制：

1）按照《质量管理体系手册与程序文件》，结合工程的实际情况编制质量保证计划；

2）优化施工方案合理安排施工程序，做好每道工序的质量标准和施工技术交底工作，搞好图纸审查和技术培训工作；

3）严格控制进场原材的质量，严禁不合格材料进入施工现场；

4）合理配备施工机械，搞好维修保养工作，使机械处于良好的工作状态；

5）对产品质量实现优质优价，使工程质量与员工的经济利益密切相关；

6）采用质量预控法，把质量管理的事后检查转变为事前控制工序及各项因素，达到"预控为主"的目标。

二、采购物资质量保证

器材部负责物资统一采购、供应与管理，根据 ISO 9000 质量管理体系对工程所需采购进行严格的质量检验和控制，如图 11-4 所示。

（1）采购物资时，需在确定合格的材料供应商或有信誉的厂家中采购，所采购的材料或设备必须有出厂合格证、材质证明和使用说明书，对材料、设备有疑问的禁止进货。

（2）材料供应商的选择必须保证有足够的能力提供机电安装工程所需某种材料或设备的全部型号规格与数量，以确保机电安装工程所用设备材料的一致性，包括分批

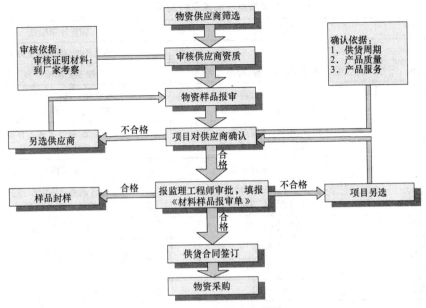

图 11-4　物资采购流程图

供应设备材料外观颜色保持一致性等，为方便业主使用及日后运行的维修管理，针对同种型号的分批到货的设备材料，将对设备材料出厂的一致性严格把关，如开关插座、装饰风口等。

（3）器材部委托分供方供货，事前应对分供方进行认可和评价，建立合格的分供方档案，材料供应在合格的分供方中选择。同时，项目经理部对分供方实行动态管理。定期对分供方的业绩进行评审、考核，并作记录，不合格的分供方从档案中予以除名。

（4）采购的物资应根据国家和地方政府主管部门的规定及标准、规范、合同要求及按品管计划要求抽样检验和试验，并做好标记。当对其质量有怀疑时，加倍抽样或全数检验。

（5）设备材料进场时即应对其进行验收，验收工作由器材部经理组织质检员、专业技术人员参加，并应邀请 PM 工程师、监理工程师参加。验收的依据是供货合同，当所购设备的技术参数无法当场验证而必须在系统运行中才可验证时，可先对其进行外观验收，并收集好各种随机文件，包括产品合格证、检测报告等作为追溯性资料进行存档。进口设备、材料较多时，器材部应组织专门的验收小组严格按验收程序对进口设备、材料进行验收，确保进场的进口设备、材料质量满足设计要求。

（6）材料验收合格后即应填写《综合验收单》，《综合验收单》应编号建账。填写内容包括供方名称、合同单号、材料单号、合格证号、日期、验收人员、数量、外观、质量状况等内容。该《综合验收单》是质量追溯性管理的主要资料之一。

（7）建立与业主供应材料的验证、储存、维护与安全等程序。对遗失、受损或其他不合用的材料记录并及时以书面形式通知业主。

三、技术保证

技术保证主要是针对各个分项工程的质量控制点进行技术分析后提出控制措施，如表 11-1 所示。

分项工程	质量控制点	质量控制措施
安装准备		熟悉图纸,编制施工方案
孔洞复核	位置、尺寸、标高准确	绘制孔洞检查表
套管安装	套管类型准确; 套管水平度、垂直度准确	根据使用部位正确选择; 管道完成后再永久固定
管道安装	位置、标高、坡度正确; 消除管道交叉和矛盾	分系统编制专项施工方案; 按施工配合图施工
防腐处理	除锈彻底,防腐正确	认真检查
填堵孔洞	套管与管道间隙均匀; 套管出地面高度准确	套管调整后固定牢固; 按技术规范施工
水压试验	分区分层打压	编制单项方案
设备安装	稳固、减振	编制单项方案
系统冲洗	冲洗彻底	
焊缝检验	清渣、去瘤	全过程跟踪检查
调试		编制单项方案

四、计量管理保证

计量器具是保证工程质量的重要条件,计量工作在整个质量控制中是一个重要的环节。

1. 计量网络图的绘制

开工后,项目计量管理员应建立项目计量器具管理台账,并根据施工程序绘制相应的计量网络图。

2. 计量器具的周期检定

(1) 计量器具的检定周期应执行国家计量管理规定,按法定计量检定机构所规定的周期由项目计量管理员进行送检。

(2) 用于工艺控制、质量检测、材料试验、成本核算方面的仪器,如经纬仪、水准仪、钢卷尺等国家依法管理计量器具目录的计量器具,实行周期检定。由项目计量管理员按照规定的检定周期负责送检。

(3) 作为工具使用的低值计量器具（20m 以下的钢卷尺、钢直尺、质量检测尺等）,按国家规定可实行一次性检定或有效期管理,实行到期更换或损坏更新。

(4) 在周期检定到期的一个月前,由上级计量管理部门填发《计量器具周检通知单》,由项目计量管理员送检。

(5) 任何计量器具在使用前必须有《检定合格证书》,原件由上级计量管理部门保存,项目保存复印件。

(6) 经计量检定合格的计量器具,由项目计量管理员根据检定结果负责在计量器具上粘贴彩色标志。

3. 计量器具的使用

(1) 保存计量器具的所有技术文件。所有计量器具的贮存、搬运由使用人负责。所有计量器具的贮存、搬运都应满足其要求。

（2）计量器具的贮存条件应能满足不因贮存而影响计量器具的计量性能的基本要求。计量器具使用说明书规定了贮存方法的，应按使用说明书的规定进行；计量器具使用说明书未作明确规定的，则应做到防潮、防尘、防振。

（3）计量器具的搬运不能影响计量器具的计量性能，计量器具的搬运应选择合适的运输工具，对于有防振要求的计量器具在搬运前要采取防振包装等措施。

五、试验检测保证

（1）在合同期间执行检验与试验，以保证及验证工程执行与制品成果符合合同规定。检验与试验将按照工程招标文件的技术规范相应章节规定和地方有关法规执行。

（2）根据工程需求，项目配备相应精度的检验和试验设备。

（3）对于进入工地现场的所有检验、试验设备或仪器，必须贴上标识，并注明有效期，禁止未检定和检定不合格的设备或仪器使用。

（4）检验、试验设备或仪器设专人保管和使用，定期对仪器的使用情况进行检查或抽查，并对重要的检验、试验设备或仪器建立使用台账。

（5）所有正在使用的检验、试验设备或仪器，必须按规程操作，并正确读数，防止因使用不当造成计量数据有误，从而避免造成质量隐患。

（6）进货材料应经检验合格后用于正式施工。若因紧急情况先行使用，该材料应记录，以后不符合规定时可立即置换或抽回。

（7）对于执行检验或试验的材料，应在完成检验与试验程序之前先报业主审核，批准后方可进行检验与试验。

六、制度保证

为确保工程质量目标的实现，在施工过程中严格执行如下制度：

（1）工程项目质量承包负责制度。为了对空调安装工程的全部分部分项工程质量向业主负责，拟定工程质量责任状，充分发挥项目部全体管理人员及班组成员的工作积极性，努力提高其整体技能，消除人为因素对工程质量造成的不良影响。

（2）技术交底制度。坚持以技术进步来保证施工质量的原则。技术部门编制有针对性的施工组织设计或方案，积极采用新设备、新材料、新工艺、新技术；针对特殊工序要编制有针对性的作业指导书。每个工种、每道工序施工前组织进行各级技术交底，包括项目总工程师对工长的技术交底、工长对班组长的技术交底、班组长对作业班组的技术交底，各级交底以书面进行。

（3）材料进场检验制度。各类材料需具有出厂合格证，并根据国家规范要求分批量进行抽检，抽检不合格的材料一律不准使用。

（4）样板引路制度。施工操作注重工序的优化、工艺的改进和工序的标准化操作。每个分项工程或工种，特别是量大面广的分项工程在开始大面积操作前做出示范样板，统一操作要求，明确质量目标。

（5）工序施工作业卡制度。主要工序如管道丝接、管道焊接、电气配管、风管制作等实行作业卡制度，根据标准规范编制该工序的施工作业卡，其内容包括施工机具、操作程序、质量标准、检测仪器及检验方法、成品保护等。

（6）过程三检制度。实行并坚持自检、互检、交接检制度，自检要做好文字记录。隐蔽工程由项目总工组织工长、质量检查员、班组长检查，并做出较详细的文字记录。

第四节　成 品 保 护

施工期间，各工种交叉频繁，对于成品和半成品，通常容易出现二次污染、损坏和丢失，工程材料一旦出现污染、损坏或丢失，势必影响工程进展，增加额外费用。因此，施工阶段成品（半成品）的保护至关重要，采取的主要措施如下：

一、成立成品保护管理组

成品保护的好坏必将对整个工程的工程质量产生极其重要的影响，只有重视并妥善地进行好成品保护工作，才能保证工程优质、高效地进行施工。成立成品保护管理组，协调各专业、各工种一致动作，有纪律、有序的进行穿插作业，保证用于施工的原材料、制成品、半成品、工序产品以及已完成的分部分项产品得到有效保护，确保整个工程的施工质量。项目成品保护组织机构图如图 11-5 所示。

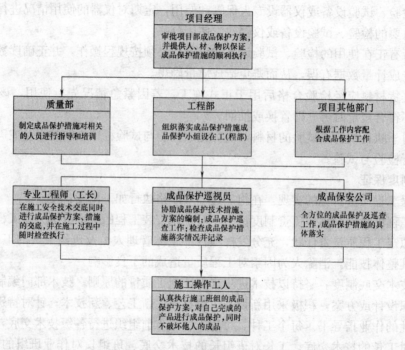

图 11-5　成品保护组织机构图

二、成品保护管理的运行方式

（1）组织专职检查人员跟班工作，定期检查，并根据具体的成品保护措施的落实情况，制定对有关责任人的奖罚建议。

（2）检查影响成品保护工作的因素，以一周（或两周）为周期召开协调会，集中解决发现的问题，指导、督促各工种开展成品保护工作。

三、成品保护具体措施

（1）原材料、半成品堆放场地应平整、干净、牢固、干燥、排水通风良好、无污染。

（2）原材料、半成品堆放时应分类、分规格堆放整齐平直，水平位置上下一致，防止变形损坏、防止颠覆或倾倒。

（3）注重工序过程中的成品保护，合理、有序地进行穿插施工，确保工序产品不被污

160

染或损坏。

（4）作好工序标识工作：在施工过程中对易受污染、破坏的成品、半成品，标识"正在施工，注意保护"标牌。采取护、包、盖、封等防护措施，对成品和半成品进行防护和并由专门负责人经常巡视检查，发现有保护设施损坏的，及时恢复。

（5）工序交接全部采用书面形式由双方签字认可，由下道工序作业人员和成品保护负责人同时签字确认，并保存工序交接书面材料，下道工序作业人员对防止成品的污染、损坏或丢失负直接责任，成品保护专人对成品保护负监督、检查责任。

（6）运输过程中应注意防止破坏各种饰面。

（7）在施工过程中要注意对其他关联承包商成品的保护，不得出现随意开槽打洞等破坏他人产品的行为。

（8）工程进入精装修阶段制定切实可行的《成品保护方案》，由业主负责监督。

（9）已安装好的设备、管道等不得做脚手架使用或用以吊拉承重件，禁止在已安装好的管道上焊支吊架。

（10）已安装好的阀门要卸下手轮，调试前重新装上。已安装好但未接口的设备要采取密封保护措施，对整机要采取加盖保护措施，在门窗未装好的房间的设备要采取防雨雪侵蚀措施。对重要设备专人值班看管。

（11）管道试验要检查整个系统，确认无漏水孔洞后缓慢灌水，以免出现大量漏水造成精装修吊顶及墙面损坏。

（12）防鼠患，防止所敷设的电线电缆被啃咬损坏，工程后期，在所有电缆沟、电缆井道出入口均应可靠封堵。

（13）在工程未办理竣工验收移交手续前，不得在工程内使用房间、设备及其他一切设施。

第十二章　施工安全管理

施工安全管理包括安全生产目标、安全管理、安全生产保证措施和防火管理4个方面的内容。

第一节　安全生产目标

一、安全目标

工程项目安全目标通常定为杜绝伤亡及火灾等事故，确保无事故。

二、危害辨识、风险评价和风险控制的策划

高层建筑比一般施工场所具有更多的安全风险。应对所有进入作业场所人员的常规和非常规的施工活动和作业场所内的设施建立和保持危害辨识、风险评价和实施必要控制措施。通过危害辨识、风险评价，优化组合各种风险管理技术，以最经济合理的方式消除风险导致的各种灾害后果。

三、风险管理过程

风险管理包括危害识别、风险评价和风险控制，如图12-1所示。

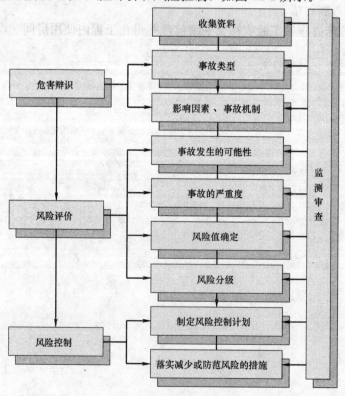

图12-1　风险管理过程

危害辨识示例如表 12-1 所示。

危害辨识示例

表 12-1

主要事项	事故原因及工程特点	防范措施
机械事故	工程施工机械设备多(风管自动生产线、共板式法兰系统、等离子切割机、冲床、切割机、电焊机、液压铆接机、设备吊装机械等)	对机械设备专人维护,检修。对操作人员培训、考核,持证上岗
火灾事故	焊接工作量大施工电动工具多,施工用电量大	严格执行"用火审批制度",配备消防器材,严格执行统一的"施工用电制度"
盗窃事故	工程建筑面积大的现场施工单位及作业人员多,施工材料多,价格昂贵	加强巡查,对人员加强教育,加强保护措施,贵重设备施工前,检查现场条件
高空事故	工程楼层高,管道施工随主体结构同步,竖井多,管井大,预留孔数量多,设备吊装工作量大	加强高空作业安全教育,严格执行高空作业制度,对竖井、孔围护并每天检查
水灾事故	管道系统多(冷却水、蒸汽、热水、冷凝水),试压工作量大,工期短	合理制定管道通水、试压计划,实行"事前检查签字制度",做好应急预案。加强与相关单位协调
电气事故	电气设备及机械多,各专业协调施工量大	定期电气线路检查,加强专业教育加强协调配合

第二节 安全管理

安全管理工作遵循"预防为主"的方针来开展工作,安全管理工作分以下 3 个方面来进行:

一、安全巡视

项目安全组织机构内各责任人,在项目安全主管的领导下开展日常安全巡视工作。各责任人对各自区域内可能产生安全隐患的工作点要严加检查,对施工人员作好安全提示,对出现的安全违犯行为随时查处、上报。

二、安全报告

安全管理机构内各责任人,按规定填写每天的安全报告报项目质安部经理。对当天的安全隐患巡视结果提出统计报表,对当天的生产活动提出分析因素,提出防范措施。在现场无重大安全事故的前提下,项目安全主管编写每月安全报告,经项目经理审批后报总承包和上级安全科。

三、安全分析

每月召开安全分析会,或在双方约定的时间内以约定的形式召开安全分析会,对当月的安全工作进行分析,对安全隐患提出整改完工时间,对以后的安全工作提出预防措施,对安全事故进行分析,对事故责任单位和个人提出处罚意见,对其他承包商的安全工作提出配合要求,对下月的安全工作提出新的指导意见。项目日常安全检查和纠正流程如图 12-2 所示。

163

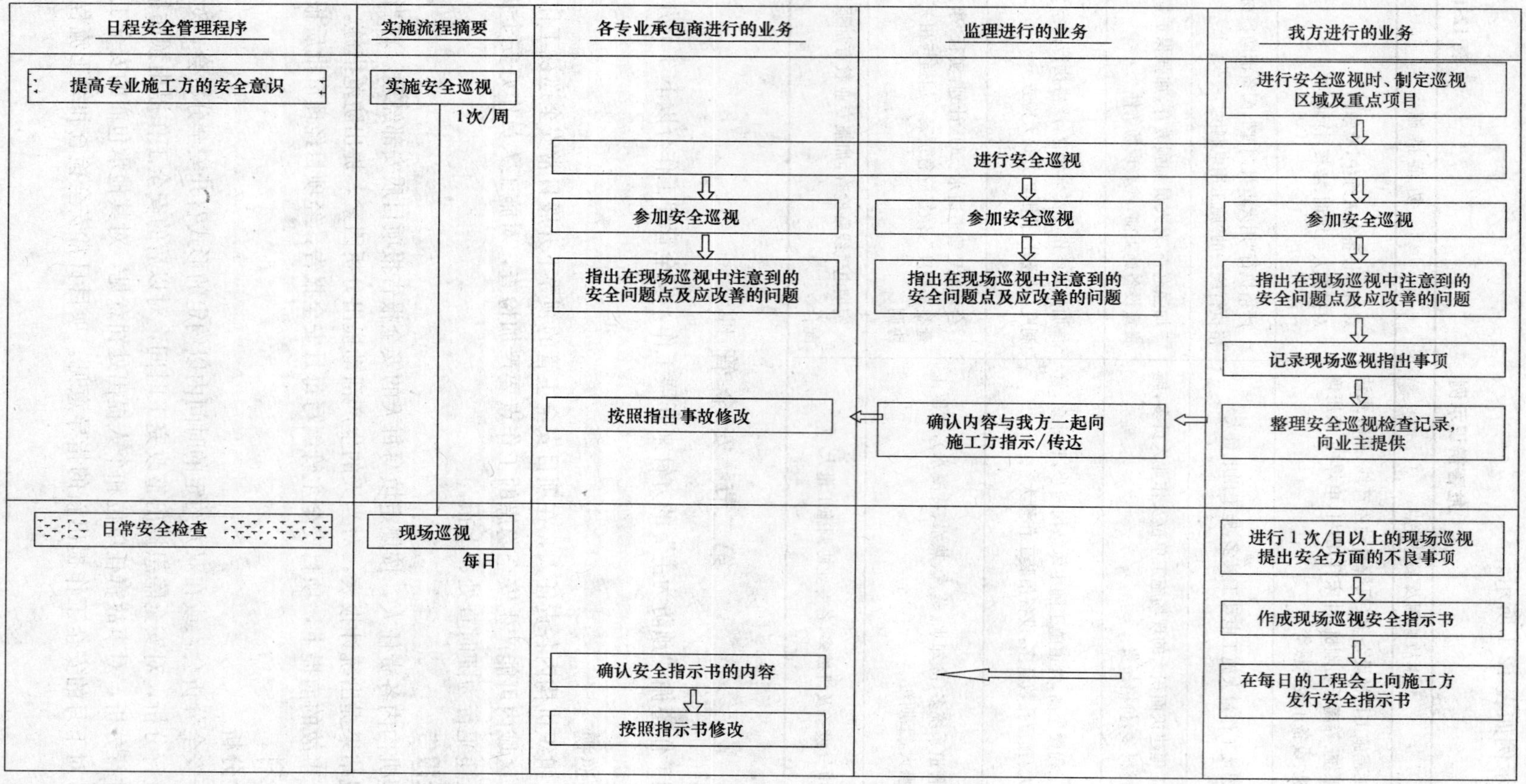

图 12-2 日常安全检查和纠正流程

第三节 安全生产保证措施

一、组织保证

项目经理为安全生产第一责任人，全面负责现场的安全管理工作。安全管理组织机构如图 12-3 所示。

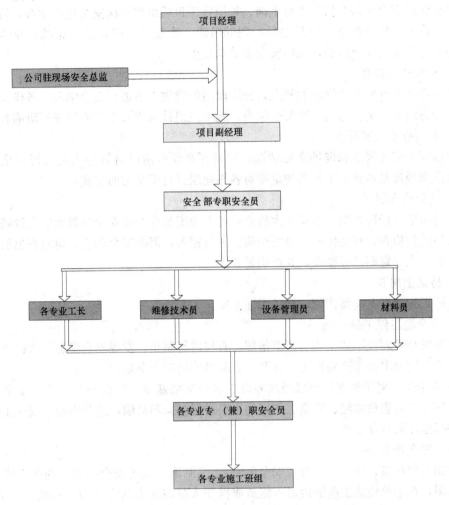

图 12-3 安全管理组织机构图

现场安全员时刻与业主或总包指定的安全负责人保持密切联系，必要时根据业主方或总包单位的安全负责人的要求对现场工作予以改进。

二、建立安全生产责任制

（1）项目经理是项目安全生产的第一责任人，对整个工程项目的安全生产负责。

（2）生产副经理负责主持整个项目的安全措施审核。

（3）项目各部门经理具体负责安全生产的计划和组织落实。

（4）安全部对各专业施工队伍的安全生产负监督检查、督促整改的责任。

（5）项目各专业工长是其工作区域安全生产的直接责任人，对其工作区域的安全生产负直接责任。

三、严格执行安全管理制度

1. 安全教育制度

进入施工现场从事施工的职工，应均为已参加培训并取得各专业政府主管部门颁发的上岗资格证书的专业人员。在进入施工现场后，在总包单位的指导下对其进行针对工程的"三级"安全教育，分别是项目经理部教育、施工队教育、施工班组教育，所有进场施工人员必须经过安全考核合格后方可上岗。每周施工班组组织一次安全生产学习，每月施工队组织一次安全生产教育，每月项目经理部组织一次安全生产评比。通过各种学习和教育，努力提高全员安全意识，预防安全事故的发生。

2. 安全学习制度

项目部针对现场安全管理的特点，分阶段组织管理人员进行安全学习。各作业层在生产副经理的组织下坚持每周一次安全学习，施工班组针对当天工作内容进行班前教育。

3. 安全技术交底制

根据安全措施要求和现场实际情况，项目部必须分阶段对管理人员进行安全书面交底，生产副经理及各施工工长必须定期对各作业层进行安全书面交底。

4. 安全检查制

每周由项目经理组织一次安全大检查；各专业工长和专职安全员每天对所管辖区域的安全防护进行检查，督促作业层对安全防护进行完善，消除安全隐患。对检查出的安全隐患落实责任人，定期进行整改，并组织复查。

5. 持证上岗制

特殊工种持有上岗操作证，严禁无证上岗。

6. 安全隐患停工制

专职安全员发现违章作业、违章指挥，有权进行制止；发现安全隐患，有权下令立即停工整改，同时上报生产副经理，并及时采取措施消除安全隐患。

7. 安全生产奖罚制度：

项目经理部设立安全奖励基金，根据半月一次的安全检查结果进行评比，对遵章守纪、安全工作好的班组进行表扬和奖励，违章作业、安全工作差的班组进行批评教育和处罚。

四、安全标志

根据工程特点、现场环境及《安全色标》，编制施工现场安全标志平面图。按安全标志平面图，在本单位施工范围内对可能造成操作人员或他人伤害的施工机械、施工工艺、施工地点等处悬挂安全警示牌、安全指示灯和其他安全保护装置。各种防护设施、警告标志，不得随意移动和拆除。在现场办公处提供如下指示：消防报警电话、附近医院地点和急救电话、各有关部门工作地点和电话。

五、临时用电和施工机具

（1）施工现场各专业临时用电由专业电工负责，严禁其他人员私自乱接、乱拉。无电工上岗证者，严禁从事电工作业。

（2）使用电动工具前检查安全装置是否完好，运转是否正常，有无漏电保护，严格按操作规程作业。

（3）电焊机上应设防雨盖，下设防潮垫，一、二次电源接头处要有防护装置，二次线使用接线柱，且长度不超过 30m，一次电源采用橡胶套电缆或穿塑料软管，长度不大于

3m，焊把线必须采用铜芯橡皮绝缘导线。

（4）配电箱、开关箱应装设在干燥、通风及常温场所，不得装设在易受外来固体物撞击、强烈振动、液体浸溅及热源烘烤的场所。

（5）现场的电焊机、咬口机、切割机等用电设备应可靠接地。

（6）每台用电设备设置专用开关箱，严格"一机一闸一漏电"的用电制度，熔丝不得用其他金属代替，且开关箱上锁编号，有专人负责。各开关箱内必须装设漏电保护器。

第四节　防火管理

建立以项目经理为组长的防火工作小组，加强对职工防火教育。

一、每日巡检

每天开始施工后，防火工作小组即对施工现场开始进行防火巡查。重点检查火灾隐患点的施工情况，对办公室、加工车间、材料仓库做到不定时巡查。

二、动火申报

施工中因工作需要，必须在现场设置明火或进行气割、气焊，应事先进行动火申报。在采取了必要的防火措施，且得到了防火管理工作小组的同意后，方可进行，并报业主、监理单位、总承包商备案。如进行焊接工作时应先清除场地内可燃物，并应设置接渣盘。同时在动火现场一定要配备必须的防火器材和设置专职的看火工。

三、工作例会

在防火工作小组各基层负责人定时汇报的基础上，定时召开每月防火工作例会，以提高全体职员的防火意识。通报各专业的施工工作对作业区的各部门和防火工作的影响，并制定相应的防范措施。布置下月的工作，预防火灾事故的发生。

四、消防保证措施

（1）严格遵守有关消防方面的法令、法规。

（2）对易燃易爆物品指定专人负责，并按其性质设置专用库房分类存放。对其使用严格按规定执行，并制定防火措施。

（3）布置消防设施，配足灭火器材。开工前根据施工平面图、建筑高度及施工方法等按照有关规定，布置灭火器材。加工车间及库房每30m设一组灭火器。

（4）在库房、各楼层及生活区均匀布置灭火器等消防设施，并由专人负责，定期检查，保证完整。

（5）施工现场内建立严禁吸烟的制度，发现违章吸烟者从严处罚。

（6）坚持现场用火审批制度，现场内未经允许不得生明火，电焊作业必须由培训合格的技术人员操作，并申请动火证，工作时要随身携带灭火器材，加强防火检查，禁止违章。对于明火作业每天巡查，一查是否有"焊工操作证"与"动火证"；二查"动火证"与用火地点、时间、看火人、作业对象是否相符；三查有无灭火用具；四查电焊操作是否符合规范要求。

（7）在不同的施工阶段，消防工作应有不同的侧重点。管道施工时，要注意电焊作业和现场照明设备，加强看火，特别是焊接时火星一落数层，应注意电焊下方的防火措施。进行装修施工时，要注意临时电气线路短路引起的火灾，对线路要严格检查；在易燃材料较多处进行施焊时，要设防火隔板，控制火花飞溅。

（8）下列施工现场将是潜在的火灾隐患点：与焊接、切割、打磨等有关的静止或手提式设备。电动设备及有关的装置，即：开关、控制装置、转换器、保险丝、断路器、电动机、磁力线圈、电灯等。通风不好的易燃品堆放场。将在上述火灾隐患点和业主指定的地点安放必需和可行的消防器材，包括灭火器、沙袋、水桶、铁锹及消防斧，并就上述消防器材教导全体员工在火灾发生后使用。

（9）新工人进场要进行消防教育，重点区域设消防人员，施工现场值勤人员昼夜值班，搞好"四防"工作。

（10）积累各项消防资料，健全施工现场消防档案。

第十三章　施工项目成本管理概述

本章讲述施工项目成本管理的基本内容、工期-成本优化方法及应用，并介绍工程竣工决算的相关知识。

第一节　施工项目成本管理基本内容

一、施工项目成本分类

施工项目成本分为预算成本、计划成本和实际成本。

1. 预算成本

预算成本　是按照过程施工图预算规定的过程项目所消耗的生产资料和支付的劳动报酬费用之和，它是工程项目预算造价的主要组成部分。工程预算成本反映施工企业的平均成本水平，是确定工程造价的基础，是编制成本计划的依据和评价实际成本的依据。

2. 计划成本

计划成本　是以工程项目的施工组织计划为基础，根据本企业平均的施工定额和有关统计资料确定的成本，是考虑降低成本措施后的成本计划数，反映在计划期内应达到的成本水平。

3. 实际成本

实际成本　是工程施工过程中实际支付的生产费用的总额。按生产费用计入成本的方法来划分，施工项目成本可分为直接成本（或直接费用）和间接成本（或间接费用）。

（1）直接成本：是指直接耗用于并能直接计入工程对象的费用，分为人工费、材料费、机械使用费、其他直接费 4 个成本项目。

（2）间接成本：由施工管理费和其他间接费组成，施工管理费包括管理和服务人员的工资、生产工人辅助工资、办公费、差旅费、固定资产使用费、工具使用费、检验试验费等，其他间接费包括临时设施费、劳动保险基金、施工队伍调遣费。根据《公路基本建设工程概算、预算编制办法》的规定，建设工程费用包括建筑安装工程费，设备、工具、器具及家具购置费，工程建设其他费用和预留费用，其中建筑安装工程费由承包商直接支配和使用。

二、施工项目成本管理系统构成

施工企业在施工过程中，通过所发生的各种成本信息，有组织、有系统地进行成本预测与决策、成本计划、成本控制、成本核算、成本分析等工作构成成本管理系统，促使施工项目系统内各种要素按照一定的目标运行，使施工项目成本能够控制在预定的计划成本范围内。

1. 成本预测与决策

由公司和项目经理部有关人员通过成本信息和施工项目的具体情况，运用专门方法对未来的成本水平及其可能的发展趋势作出科学估计，即在施工前对成本进行核算。通过成本预测可以使项目经理部在满足建设单位和企业要求前提下选择成本低的最佳成本方案，并能够在施工项目成本形成过程中，针对薄弱环节加强成本控制，克服盲目性，提高预见性。因此，成本预测是施工项目成本决策与计划的依据，也是项目经理部的施工责任成本。

2. 成本计划

施工项目成本计划是项目经理部对施工成本进行计划管理的工具，是根据项目施工责任成本确定的施工期内的总施工成本计划和月度施工成本计划编制的。是以货币形式预先规定施工项目进行中的施工生产消耗的目标总水平，通过施工进行过程中实际成本的发生与对比，可以确定目标的完成情况。因此，成本计划是成本决策所确定目标成本的具体化。

3. 成本控制

施工项目成本控制贯穿于从招标阶段开始直到竣工验收的全过程，是对工程项目施工成本的过程控制，对成本计划的实施进行监督，属于不确定因素最多、最复杂、最重要的管理内容。通过严格审查各项费用是否符合标准、计算实际成本和计划成本之间的差异并进行分析，消除施工中的损失浪费现象，将施工中实际发生的各种消耗和支出严格控制在成本计划范围内，最终实现超预期的节约成本目标。

4. 施工成本核算

施工成本核算是对工程项目施工过程中所直接发生的各种费用进行的施工成本核算。它包括两个环节：一是按照规定的成本开支范围对施工费用进行归集，计算出施工费用的实际发生额；二是根据成本核算对象，计算出施工总成本和单位成本。通过成本核算确定成本盈亏情况，为及时改善成本管理提供基础依据，是成本计划是否实现的最后检验。

5. 施工成本分析

施工成本分析是一个动态的经济活动，它贯穿于施工项目成本管理的全过程。成本分析的主要目的是利用成本核算资料，将目标成本与实际成本进行比较，了解成本的变动情况，并找出成本盈亏的主要原因，寻找降低施工成本的途径。

6. 施工成本考核

在工程项目施工成本管理的过程中或结束后，都要定期或按时根据项目施工成本管理的盈亏情况，给予责任者相应的奖励或惩罚。只有奖罚分明，才能有效地调动每一位职工完成目标成本的积极性，为降低施工项目施工成本和增加企业的积累做出自己的贡献。因此，成本考核是实现成本目标责任制的保证和实现决策目标的重要手段。

三、施工项目成本管理流程

施工项目成本管理流程是指从成本预算开始，编制成本计划，采取降

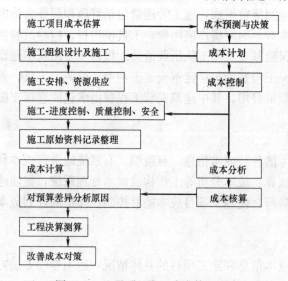

图 13-1　工程项目施工成本管理流程

低成本措施，进行成本控制，直到成本核算与分析为止的一系列管理工作步骤，如图13-1
所示。

四、施工图预算与施工预算对比

1. 施工图预算

施工图预算的编制是以预算定额（单位估价表）为主要依据，预算定额内各个分项
工程的细目所包含的内容比施工定额更综合、扩大，可变因素多，是确定施工工程造
价的直接依据，在工程投标、结算时广泛使用，是建设单位和施工单位相关密切的
文件。

2. 施工预算

施工单位根据施工定额进行编制，确定某项工程所需人工、材料和施工机械台班数量
的计划性文件。施工定额细目对质量要求、施工方法以及所需劳动日、材料品种、规格型
号均有明确要求，因此比预算定额更详细、更具体。是企业内部的一种文件，与建设单位
无关、不可作为结算的依据。

第二节　工期-成本优化方法及应用案例

为了便于在分部分项工程施工中同时进行进度与费用的控制，掌握进度与费用的变化
过程，可以按照横道图和网络图的特点分别进行处理。工期-成本优化就是应用网络计划
方法，在一定的约束条件下，综合考虑成本与工期两者的相互关系，寻求成本最低时相应
工期的定量分析方法。

一、基本概念

1. 直接费用曲线

按生产费用计入成本的方法来划分，施工项目成本可分为直接成本（或直接费用）和
间接成本（或间接费用）。一般在施工时为了加快作业速度，必须突击作业，即采取加班
加点或多班制作业，增加许多非熟练工人，并且增加了高价的材料及劳动力，采用高价的
施工方法及机械设备等。这样，尽管工期加快了，但其直接费用也增加了。显然，不考虑
降价等其他因素影响的情况下，直接费用并不随着工期的无限延长而逐步减少，当不管如
何延长工期也不能使得直接费用再减少时的费用称为最低费用或正常费用，相应的工期称
为正常工期。因此，在一定的范围内，直接费用随着时间的延长而减少，直接费用曲线是
表示直接费用在一定范围内和时间成反比关系的曲线，如图 13-2 所示。

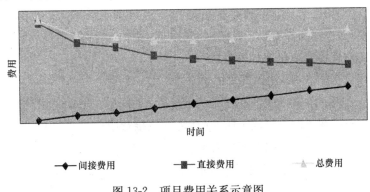

图 13-2　项目费用关系示意图

2. 间接费曲线

随着工期的延长，管理和服务人员的工资、办公费、差旅费、固定资产使用费等均会增加，因此间接费随着时间的延长而增加。间接费曲线是表示间接费用和时间成正比关系的曲线，通常用直线表示。其斜率表示间接费用在单位时间内的增加或减少值，如图13-2中所示。

3. 总成本曲线

总成本曲线是由直接费曲线和间接费曲线叠加而成，如图13-2所示。

4. 最优方案、最优工期

由于直接费用和间接费用都与项目工期紧密联系，因此项目的总成本与项目的工期有着密切的联系。随着项目工期的变化，总成本也会发生变化。在不考虑其他决策因素的前提下，总成本曲线上的最低点就是项目计划的最优方案，此方案项目成本最低，相应的项目实施持续时间称为最优工期，最优工期应满足合同工期的要求。由于控制项目总工期的是关键线路上的工序，在增加关键工序直接费用投入后，工序施工周期缩短，项目总工期缩短。随着项目总工期的缩短，减少间接费用。非关键线路的工序施工周期不影响项目总工期，增加非关键工序直接费用投入后，项目总工期不缩短，不能减少间接费用。因此工期-成本优化过程实质是对关键线路上的工序进行优化的过程。工期-成本优化的目的是寻求项目成本最低时的相应工期计划。在最低成本相近的前提下，选择最短工期，减少管理周期。

二、工期-成本优化遵循的原则

（1）要选择关键线路上的费用率最低的关键工作进行压缩，缩短其工作时间。

（2）所选工序要是对质量和安全影响不大的工作。

（3）缩短关键工作的持续时间时，必须符合不能压缩成非关键工作和缩短后持续时间不小于最短持续时间。

三、工期-成本优化的步骤

（1）确定各工序的正常工作时间和最短工作时间，求出各项工序在正常工作时间和最短工作时间下的直接费，再确定直接费用变化率。

（2）参考相关定额，确定工程每天的间接费用。

（3）按各工序的逻辑顺序和正常工作时间绘制网络图，计算网络图时间参数，确定关键线路，确定工期。

（4）网络图的优化。在网络图的每条关键线路上选择费用率（成本随作业时间的增加率）最小的关键工序，对选择的各关键工序缩短相同作业时间。计算调整后的总工期和总成本。

四、各项工作直接费变化率计算公式

设：$\Delta C_{i\text{-}j}$——工作 $i\text{-}j$ 的直接费变化率（元/天）；

$CC_{i\text{-}j}$——将工作 $i\text{-}j$ 持续时间缩短为最短持续时间后，完成该工作所需的直接费用；

$CE_{i\text{-}j}$——正常条件下完成工作 $i\text{-}j$ 所需的直接费用；

$DN_{i\text{-}j}$——工作 $i\text{-}j$ 的正常持续时间；

$DC_{i\text{-}j}$——工作 $i\text{-}j$ 的最短持续时间。

$$\Delta C_{i\text{-}j} = (CC_{i\text{-}j} - CE_{i\text{-}j})/(DN_{i\text{-}j} - DC_{i\text{-}j})$$

五、工期-成本优化案例

以【例 5-1】中某酒店多功能厅空调改造项目为实例，进行工期-成本优化。

第一步：确定各工序的正常工作时间和最短工作时间，求出各项工序在正常工作时间和最短工作时间下的直接费，再确定直接费变化率，见表 13-1。

第二步：各工序的作业持续时间，按工艺过程要求和施工组织要求确定各工序的紧前和紧后工序，分析计算结果及参考定额，见表 13-1。

第三步：按各工序的逻辑顺序和正常工作时间绘制网络图，计算网络图时间参数，确定关键线路，确定工期。该空调改造工程施工进度网络图如图 5-10 所示。

第四步：网络图的优化。在网络图的每条关键线路上选择费用率（成本随作业时间的增加率）最小的关键工序，对选择的各关键工序缩短相同作业时间。计算调整后的总工期和总成本。网络图优化后，如图 13-3 所示。

三个施工段各项工序紧前、紧后工作和工序持续时间及参考定额 表 13-1

序号	工作名称	工作代号	紧前工作	持续时间(d)	最短持续时间(d)	紧后工作	正常最短费用(元)	费用率(元/d)
1	制作风管1	A	A	5	4	B、G	1250(1400)	150
2	空调机组安装1	B	B	3	2	C、H	1400(1650)	250
3	风管安装1	C	C	3	2	D、I	1050(1275)	225
4	变风量箱安装1	D	D	4	3	E、J	1220(1470)	250
5	风管保温1	E	E	2	1	K、F	580(720)	140
6	系统调试1	F	A	1	1		270(270)	—
7	制作风管2	G	B、G	5	4	H、M	1600(1780)	180
8	空调机组安装2	H	C、H	2	1	N、I	950(1150)	200
9	风管安装2	I	D、I	3	2	J、O	950(1180)	230
10	变风量箱安装2	J	E、J	4	3	P、K	1170(1410)	240
11	风管保温2	K	F、K	3	2	L、Q	720(1380)	260
12	系统调试2	L	G	1	1	R	280(280)	—
13	制作风管3	M	M、H	4	3	N	1500(1770)	270
14	空调机组安装3	N	N、I	3	2	O	1150(1370)	220
15	风管安装3	O	O、J	3	2	P	1080(1270)	190
16	变风量箱安装3	P	K、P	3	2	Q	1120(1358)	238
17	风管保温3	Q	Q、L	2	1	R	660(818)	158
18	系统调试3	R	R	1	1	⋯	287(287)	

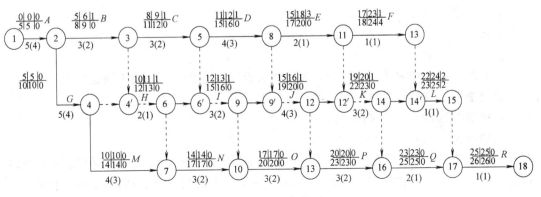

图 13-3 网络优化图

173

从图 13-3 看出，该空调改造工程工期为 26d，关键线路为：1→2→4→7→10→13→16→17→18。从表 13-1 看出，用于该项目的直接费用为 17300 元，间接费按定额中的间接费率确定为 210 元/d。总费用为 17300＋210×26＝22760 元。

优化过程应从关键线路中费用率最低的工序入手，详细计算过程如下：

（1）压缩工期必须以关键工作为对象，同时要选择费用率最低的工序。从表 13-1 可以看出，关键工作 A 的费用率最低，将 A 工序缩短 1d，关键线路不变，总工期变为 25d。

直接费用为 17300＋150×1＝17450 元；

间接费用为 210×25＝5250 元；

总费用为 17450＋5250＝22700 元。

（2）将费用率第二低的工序 Q 缩短 1 天，关键线路不变，总工期为 24d。

直接费用为 17450＋158×1＝17608 元；

间接费用为 210×24＝5040 元；

总费用为 17608＋5040＝22648 元。

（3）将费用率较低的工序 G 缩短 1 天，则关键线路变为 4 条；

由工序 A、G、M、N、O、P、Q、R 组成的关键线路 1；

由工序 A、G、H、I、J、K、L、R 组成的关键线路 2；

由工序 A、G、H、I、J、P、Q、R 组成的关键线路 3；

由工序 A、G、H、I、J、K、Q、R 组成的关键线路 4。

总工期为 23d。

直接费用为 17608＋180×1＝17788 元；

间接费用为 210×23＝4830 元；

总费用为 17788＋4830＝22618 元。

（4）将工序 O 和工序 H 缩短 1d，则 4 条关键线路均缩短 1d，4 条关键线路不变，总工期为 22d。

直接费为 17788＋190×1＋200×1＝18178 元；

间接费用为 210×22＝4840 元；

总费用为 18178＋4840＝23018 元。

（5）将工序 N 和工序 I 缩短 1d，则四条关键线路均缩短 1d，关键线路不变，总工期为 21d。

直接费用为 18178＋220×1＋230×1＝18628 元；

间接费用为 220×21＝4620 元；

总费用为 18628＋4620＝23248 元。

（6）将工序 P 和工序 J 缩短 1d，则 4 条关键线路均缩短 1d，总工期为 20d。

直接费用为 18628＋238×1＋240×1＝19106 元；

间接费用为 220×20＝4400 元；

总费用为 19106＋4400＝23506 元。

关键线路 1 中的关键工作（除工序 M 外）都不能在缩短，如果工序 M 被缩短，关键线路 1 将不构成是关键线路。因此，关键线路 1 已不能再缩短。所以以 20d 作为最短工期。

将网络图优化过程汇总，如表13-2所示。

工期-费用汇总表　　　　　　　　　　　　　　　　表13-2

方案	工期(d)	直接费用(元)	间接费用(元)	总费用(元)
1	26	17300	5460	22760
2	25	17450	5250	22700
3	24	17608	5040	22648
4	23	17788	4830	22618
5	22	18178	4840	23018
6	21	18628	4620	23248
7	20	19106	4400	23506

参考表13-2可以看出，优化后各方案与原始7种方案比较，第4种方案为最优方案，最优工期为23d，总费用为22618元。最优方案与原始方案比较，工期缩短了3d，占总工期的13%，总费用减少了152元，占总费用的1%。可见，在大规模的安装工程施工中，网络图优化技术将会给建设与施工单位带来更为显著的经济效益。

第三节　工程竣工结算与决算

一、竣工结算

工程竣工结算是指按工程进度、施工合同、施工监理情况办理的工程价款结算，以及根据工程实施过程中发生的超出施工合同范围的工程变更情况，调整施工图预算价格，确定工程项目最终结算价格。它分为单位工程竣工结算、单项工程竣工结算和建设项目竣工总结算。工程施工合同规定单项工程或单位工程完工、经检查验收交付使用之后，由施工单位编制竣工结算，报给建设单位审查，经批准后便成为为工程最终造价的依据。竣工结算也是建设单位编制竣工总决算的依据。

二、竣工决算

建设单位在单位工程或单项工程竣工结算的基础上编制建设项目的竣工决算。建设项目竣工决算由各个单项工程的竣工决算组成，它反映了整个建设项目建成投产的全部实际支出，其费用数额应控制在预先设计概算规定的投资额度之内。竣工决算包括从筹集到竣工投产全过程的全部实际费用，即包括建筑工程费、安装工程费、设备工器具购置费及预备费和投资方向调解税等费用。按照财政部、国家发改委和住房和城乡建设部的有关文件规定，竣工决算是由竣工财务决算说明书、竣工财务决算报表、工程竣工图和工程竣工造价对比分析4部分组成。前两部分又称建设项目竣工财务决算，是竣工决算的核心内容。竣工决算是建设单位财会人员编制的，由主管部门或者会计师事务所的权威人士审核的，决定进入固定资产份额的经济文件。

三、竣工结算依据

竣工结算是以施工图预算为基础，将设计变更、材料代用等实际发生的情况全部统计出来作为实际的工程造价依据，主要依据如下：

（1）工程承发包合同，它是结算编制最根本、最直接的依据。因为工程项目的承发包范围、双方的权利义务、价款结算方式、风险分摊等都由此决定。另外，结算中哪些费用项目可以计入或调整、如何计算也都以此为据。

（2）图纸及图纸会审记录，它是确定标底及合同价的依据之一。

（3）投标报价、合同价或原预算。实际发生变化或进行增减项后，作为调整有关费用的依据。

（4）变更通知单、工程停工报告、监理工程师指令等。

（5）施工组织设计、施工记录、原始票据、形象进度及现场照片等。

（6）有关定额、费用调整的文件规定。

（7）经审查批准的竣工图、工程竣工验收单、竣工报告等。

四、竣工结算程序

工程竣工结算通常按照图 13-2 所示的结算步骤进行，其中设计变更单、工程签证等结算用资料是竣工结算需要的基本资料，必须按照建设单位的具体管理程序及时上报，经监理公司和建设单位确认签字后才能生效。

第一步：收集整理设计变更单、工程签证等结算用资料；

第二步：列出竣工工程对照表计算调整的工程量；

第三步：套用预算定额或清单单价；

第四步：计算调整的建筑安装工程费；

第五步：计算竣工结算总价；

第六步：按照建设单位结算管理程序上报审批。

附　录

高区空调安装工程施工计划

任 务 名 称	工期	开始时间	完成时间
高区空调安装工程施工计划	1108d	2004 年 10 月 1 日	2007 年 10 月 28 日
施工图深化设计	1070d	2004 年 10 月 1 日	2007 年 9 月 20 日
准备工作	44d	2004 年 10 月 1 日	2004 年 11 月 13 日
6F～42F 施工图纸设计	60d	2004 年 11 月 14 日	2005 年 1 月 12 日
6F～42F 施工图纸审核、批准	21d	2004 年 12 月 29 日	2005 年 1 月 18 日
6F～42F 综合管线图纸设计	28d	2005 年 1 月 13 日	2005 年 2 月 14 日
6F～42F 综合管线及预留、预埋图纸审核、批准	18d	2005 年 1 月 29 日	2005 年 2 月 20 日
6F～42F 图纸交底及图纸会审	15d	2005 年 2 月 28 日	2005 年 3 月 14 日
43F～78F 施工图纸设计	60d	2005 年 1 月 13 日	2005 年 3 月 18 日
6F～42F 施工图纸审核、批准	30d	2005 年 3 月 4 日	2005 年 4 月 2 日
6F～42F 综合管线图纸设计	28d	2005 年 3 月 19 日	2005 年 4 月 15 日
6F～42F 综合管线及预留、预埋图纸审核、批准	21d	2005 年 4 月 6 日	2005 年 4 月 26 日
6F～42F 图纸交底及图纸会审	15d	2005 年 5 月 12 日	2005 年 5 月 26 日
79F 以上及室外工程施工图纸设计	60d	2005 年 1 月 13 日	2005 年 3 月 18 日
79F 以上及室外工程施工图纸审核、批准	21d	2005 年 3 月 12 日	2005 年 4 月 1 日
79F 以上及室外工程综合管线图纸设计	25d	2005 年 3 月 19 日	2005 年 4 月 12 日
79F 以上及室外综合管线及预留、预埋图纸审核、批准	18d	2005 年 4 月 6 日	2005 年 4 月 23 日
工程总的图纸交底及图纸会审	5d	2005 年 5 月 24 日	2005 年 5 月 28 日
图纸会审结束	0d	2005 年 5 月 28 日	2005 年 5 月 28 日
配合现场施工，变更及局部详图设计	893d	2005 年 4 月 1 日	2007 年 9 月 20 日
预留预埋工程	818d	2004 年 10 月 1 日	2007 年 1 月 6 日
工程开工	0d	2004 年 10 月 1 日	2004 年 10 月 1 日
施工准备	21d	2005 年 2 月 8 日	2005 年 3 月 5 日
主楼 6F～24F 冷冻水立管及预留预埋	148d	2005 年 4 月 1 日	2005 年 8 月 26 日
主楼 25F～48F 冷冻水立管及预留预埋	183d	2005 年 7 月 22 日	2006 年 1 月 20 日
主楼 49F～78F 冷冻水立管及预留预埋	202d	2005 年 12 月 14 日	2006 年 7 月 8 日
主楼 79F～90F 冷冻水立管及预留预埋	114d	2006 年 5 月 30 日	2006 年 9 月 20 日
主楼 91F 以上冷冻水立管及预留预埋	147d	2006 年 8 月 13 日	2007 年 1 月 6 日
主要设备、材料采购	814d	2005 年 3 月 12 日	2007 年 6 月 13 日
板材、管材资料送审	30d	2005 年 3 月 12 日	2005 年 4 月 10 日
板材、管材进场	665d	2005 年 4 月 18 日	2007 年 2 月 16 日
管道阀门、通风阀门资料送审	45d	2005 年 3 月 15 日	2005 年 4 月 28 日
管道阀门、通风阀门进场	610d	2005 年 6 月 3 日	2007 年 2 月 7 日
水泵、换热器、空调机、风机资料送审	80d	2005 年 4 月 29 日	2005 年 7 月 17 日
水泵、换热器、空调机、风机订货及制造	115d	2005 年 7 月 18 日	2005 年 11 月 9 日
水泵、换热器、空调机、风机进场	480d	2005 年 11 月 10 日	2007 年 3 月 14 日
风口资料送审	50d	2005 年 12 月 1 日	2006 年 1 月 19 日
风口进场	500d	2006 年 1 月 20 日	2007 年 6 月 13 日
主楼空调工程	856d	2005 年 6 月 15 日	2007 年 10 月 28 日
6F～24F 空调工程施工	592d	2005 年 6 月 15 日	2007 年 2 月 1 日
风管制作	110d	2005 年 6 月 15 日	2005 年 10 月 2 日
水平风管及风阀、VAV、CAV 安装	121d	2005 年 7 月 15 日	2005 年 11 月 12 日
风管立管安装	30d	2005 年 9 月 29 日	2005 年 10 月 28 日
水平冷冻、冷凝水、热水管道及阀门安装	120d	2005 年 8 月 15 日	2005 年 12 月 12 日
冷冻、冷凝水、蒸汽、热水管道立管安装	28d	2005 年 9 月 14 日	2005 年 10 月 11 日
管道冲洗	14d	2005 年 12 月 13 日	2005 年 12 月 26 日
空调机组、风机、换热器、水泵等设备安装	57d	2005 年 11 月 15 日	2006 年 1 月 10 日
风管水管保温	60d	2005 年 11 月 27 日	2006 年 1 月 25 日
落地式风机盘管、风口安装	140d	2006 年 2 月 20 日	2006 年 7 月 9 日
空调配电	110d	2006 年 1 月 11 日	2006 年 5 月 5 日

任 务 名 称	工期	开始时间	完成时间
BAS 系统施工	70d	2006 年 5 月 6 日	2006 年 7 月 14 日
空调设备单机调试	18d	2007 年 1 月 15 日	2007 年 2 月 1 日
25F～48F 空调工程施工	467d	2005 年 10 月 29 日	2007 年 2 月 12 日
风管制作	128d	2005 年 10 月 29 日	2006 年 3 月 10 日
水平风管及风阀、VAV、CAV 安装	136d	2005 年 11 月 13 日	2006 年 4 月 2 日
风管立管安装	56d	2006 年 2 月 6 日	2006 年 4 月 2 日
水平冷冻、冷凝水、热水管道及阀门安装	120d	2005 年 12 月 13 日	2006 年 4 月 16 日
冷冻、冷凝水、蒸汽、热水管道立管安装	30d	2006 年 1 月 12 日	2006 年 2 月 15 日
管道冲洗	18d	2006 年 4 月 17 日	2006 年 5 月 4 日
空调机组、风机、换热器、水泵等设备安装	78d	2006 年 1 月 11 日	2006 年 4 月 3 日
风管水管保温	100d	2006 年 2 月 25 日	2006 年 6 月 4 日
落地式风机盘管、风口安装	155d	2006 年 7 月 10 日	2006 年 12 月 11 日
空调配电	100d	2006 年 4 月 4 日	2006 年 7 月 12 日
BAS 系统施工	70d	2006 年 7 月 13 日	2006 年 9 月 20 日
空调设备单机调试	21d	2007 年 1 月 23 日	2007 年 2 月 12 日
49F～78F 空调工程施工	424d	2006 年 3 月 19 日	2007 年 5 月 21 日
风管制作	150d	2006 年 3 月 19 日	2006 年 8 月 15 日
水平风管及风阀、VAV、CAV 安装	165d	2006 年 4 月 3 日	2006 年 9 月 14 日
风管立管安装	80d	2006 年 5 月 28 日	2006 年 8 月 15 日
水平冷冻水、冷凝水、热水管道及阀门安装	154d	2006 年 4 月 17 日	2006 年 9 月 17 日
冷冻水、冷凝水、蒸汽、热水管道立管安装	45d	2006 年 5 月 17 日	2006 年 6 月 30 日
管道冲洗	7d	2006 年 9 月 18 日	2006 年 9 月 24 日
空调机组、风机、换热器、水泵等设备安装	110d	2006 年 5 月 24 日	2006 年 9 月 10 日
风管水管保温	110d	2006 年 7 月 22 日	2006 年 11 月 8 日
落地式风机盘管、风口安装	172d	2006 年 11 月 20 日	2007 年 5 月 15 日
空调配电	85d	2006 年 9 月 11 日	2006 年 12 月 4 日
BAS 系统施工	70d	2006 年 12 月 5 日	2007 年 2 月 12 日
空调设备单机调试	21d	2007 年 5 月 1 日	2007 年 5 月 21 日
79F 以上空调工程施工	247d	2006 年 11 月 5 日	2007 年 7 月 14 日
风管制作	64d	2006 年 11 月 5 日	2007 年 1 月 7 日
水平风管及风阀、VAV、CAV 安装	102d	2006 年 11 月 15 日	2007 年 3 月 1 日
风管立管安装	30d	2007 年 1 月 11 日	2007 年 2 月 9 日
水平冷冻水、冷凝水、热水管道及阀门安装	72d	2006 年 12 月 5 日	2007 年 2 月 14 日
冷冻水、冷凝水、蒸汽、热水管道立管安装	20d	2006 年 12 月 20 日	2007 年 1 月 8 日
管道冲洗	7d	2007 年 2 月 15 日	2007 年 2 月 26 日
空调机组、风机、换热器、水泵等设备安装	94d	2006 年 12 月 12 日	2007 年 3 月 20 日
风管水管保温	31d	2007 年 3 月 5 日	2007 年 4 月 4 日
风口安装	72d	2007 年 4 月 20 日	2007 年 6 月 30 日
空调配电	100d	2007 年 1 月 21 日	2007 年 5 月 5 日
BAS 系统施工	85d	2007 年 4 月 21 日	2007 年 7 月 14 日
空调设备单机调试	14d	2007 年 6 月 16 日	2007 年 6 月 29 日
配合出租办公区工程施工	180d	2007 年 1 月 10 日	2007 年 7 月 13 日
配合旅馆、观光装饰工程施工	120d	2007 年 3 月 30 日	2007 年 7 月 27 日
48F 以下空调系统试运行、BAS 调试	50d	2007 年 3 月 30 日	2007 年 5 月 18 日
49F～78F 空调系统试运行、BAS 调试	42d	2007 年 5 月 17 日	2007 年 6 月 27 日
79F 以上空调系统试运行、BAS 调试	21d	2007 年 6 月 30 日	2007 年 7 月 20 日
机电系统联合调试	45d	2007 年 8 月 7 日	2007 年 9 月 20 日
工程收尾	38d	2007 年 9 月 6 日	2007 年 10 月 13 日
工程整体竣工验收	15d	2007 年 10 月 14 日	2007 年 10 月 28 日
工程竣工	0d	2007 年 10 月 28 日	2007 年 10 月 28 日

任 务 名 称	工期	开始时间	完成时间
裙楼安装工程施工计划	1169d	2004 年 8 月 1 日	2007 年 10 月 28 日
施工图深化设计	1131d	2004 年 8 月 1 日	2007 年 9 月 20 日
准备工作	15d	2004 年 8 月 1 日	2004 年 8 月 15 日
主楼地下室施工图设计	30d	2004 年 8 月 16 日	2004 年 9 月 14 日
主楼地下室施工图审核	12d	2004 年 9 月 17 日	2004 年 9 月 28 日
主楼地下室综合管线图、预留、预埋套管图纸设计	15d	2004 年 9 月 19 日	2004 年 10 月 3 日
主楼地下室预留、预埋套管图纸审核、批准	12d	2004 年 9 月 27 日	2004 年 10 月 8 日
地下室预留、预埋套管图纸交底及图纸会审	5d	2004 年 10 月 16 日	2004 年 10 月 20 日
B3F～5F 施工图纸设计	90d	2004 年 8 月 16 日	2004 年 11 月 13 日
B3F～5F 施工图纸审核、批准	35d	2004 年 10 月 24 日	2004 年 11 月 27 日
B3F～5F 综合管线图纸设计	28d	2004 年 11 月 14 日	2004 年 12 月 11 日
B3F～5F 综合管线及预留、预埋图纸审核、批准	21d	2004 年 11 月 30 日	2004 年 12 月 20 日
B3F～5F 图纸交底及图纸会审	15d	2005 年 1 月 1 日	2005 年 1 月 15 日
配合现场施工,变更及局部详图设计	1005d	2004 年 12 月 5 日	2007 年 9 月 20 日
设备材料采购	529d	2005 年 10 月 12 日	2007 年 4 月 3 日
管材、板材资料送审	30d	2006 年 1 月 15 日	2006 年 2 月 18 日
管材、板材进场	240d	2006 年 3 月 30 日	2006 年 11 月 24 日
阀门资料送审	30d	2005 年 10 月 12 日	2005 年 11 月 10 日
阀门订货、制造	180d	2005 年 11 月 11 日	2006 年 5 月 14 日
阀门进场	60d	2006 年 5 月 15 日	2006 年 10 月 17 日
保温材料资料送审	30d	2006 年 5 月 10 日	2006 年 6 月 8 日
保温材料进场	180d	2006 年 8 月 8 日	2007 年 2 月 3 日
冷水机组资料送审	60d	2005 年 10 月 15 日	2005 年 12 月 13 日
冷水机组订货及制造	225d	2005 年 12 月 14 日	2006 年 7 月 31 日
冷水机组进场	15d	2006 年 8 月 1 日	2006 年 8 月 15 日
锅炉资料送审	60d	2005 年 10 月 15 日	2005 年 12 月 13 日
锅炉订货及制造	190d	2005 年 12 月 14 日	2006 年 6 月 26 日
锅炉进场	5d	2006 年 6 月 30 日	2006 年 7 月 4 日
空调机组、风机资料送审	30d	2005 年 11 月 15 日	2005 年 12 月 14 日
空调机组、风机订货及制造	230d	2005 年 12 月 15 日	2006 年 8 月 6 日
空调机组、风机进场	60d	2006 年 8 月 15 日	2007 年 4 月 3 日
水泵资料送审	30d	2005 年 11 月 28 日	2005 年 12 月 27 日
水泵订货、制造	210d	2005 年 12 月 28 日	2006 年 7 月 30 日
水泵进场	15d	2006 年 7 月 31 日	2006 年 8 月 14 日
预留预埋工程	713d	2004 年 10 月 1 日	2006 年 9 月 23 日
工程开工	0d	2004 年 10 月 1 日	2004 年 10 月 1 日
施工准备	50d	2004 年 10 月 16 日	2004 年 12 月 4 日
主楼地下室预埋及预留洞	93d	2004 年 12 月 5 日	2005 年 3 月 12 日
主楼 1F～5F 预留预埋及冷冻水立管安装	99d	2005 年 1 月 29 日	2005 年 5 月 12 日
空调水立管吊装	491d	2005 年 5 月 13 日	2006 年 9 月 20 日
裙楼地下室开挖	0d	2005 年 3 月 20 日	2005 年 3 月 20 日
裙楼 B1F 预埋及预留洞	38d	2005 年 6 月 26 日	2005 年 8 月 2 日
裙楼 B2F 预埋及预留洞	38d	2005 年 9 月 20 日	2005 年 10 月 27 日
裙楼 1F～5F 预埋及预留洞	85d	2006 年 7 月 1 日	2006 年 9 月 23 日

任 务 名 称	工期	开始时间	完成时间
裙楼空调工程	593d	2006 年 3 月 10 日	2007 年 10 月 28 日
B1F～B3F 空调工程施工	461d	2006 年 3 月 10 日	2007 年 6 月 18 日
绘制风管加工大样图	32d	2006 年 3 月 10 日	2006 年 4 月 10 日
安装风管生产线、试生产	29d	2006 年 4 月 1 日	2006 年 4 月 29 日
风管制作	125d	2006 年 4 月 30 日	2006 年 9 月 1 日
水平风管及风阀安装	165d	2006 年 5 月 15 日	2006 年 10 月 26 日
风管立管安装	32d	2006 年 7 月 14 日	2006 年 8 月 14 日
水平冷冻水、冷凝水、热水管道及阀门安装	145d	2006 年 5 月 30 日	2006 年 10 月 21 日
冷冻水、冷凝水、蒸汽、热水管道立管安装	30d	2006 年 6 月 14 日	2006 年 7 月 13 日
风管水管保温	81d	2006 年 8 月 22 日	2006 年 11 月 10 日
风口安装	158d	2006 年 10 月 1 日	2007 年 3 月 12 日
空调机组、风机等设备安装	42d	2006 年 8 月 15 日	2006 年 9 月 25 日
设备机房配管	40d	2006 年 9 月 21 日	2006 年 10 月 30 日
空调设备单机调试	15d	2007 年 1 月 15 日	2007 年 1 月 29 日
空调管道冲洗	15d	2007 年 1 月 30 日	2007 年 2 月 13 日
配合地下室其他单位工程施工	90d	2007 年 3 月 21 日	2007 年 6 月 18 日
B1F～B3F 空调电气施工	122d	2006 年 9 月 15 日	2007 年 1 月 14 日
桥架安装	31d	2006 年 9 月 15 日	2006 年 10 月 15 日
配电箱安装	21d	2006 年 9 月 25 日	2006 年 10 月 15 日
配管穿线	62d	2006 年 10 月 10 日	2006 年 12 月 10 日
设备接线、校线	45d	2006 年 12 月 1 日	2007 年 1 月 14 日
空调系统主设备安装	237d	2006 年 6 月 30 日	2007 年 2 月 26 日
锅炉设备安装	227d	2006 年 6 月 30 日	2007 年 2 月 11 日
B3F 锅炉、热交换器、循环水泵等设备吊装、就位	15d	2006 年 6 月 30 日	2006 年 7 月 14 日
锅炉等设备管道安装	38d	2006 年 8 月 14 日	2006 年 9 月 20 日
管道保温	5d	2006 年 9 月 21 日	2006 年 9 月 25 日
锅炉房其他设备安装	25d	2006 年 9 月 20 日	2006 年 10 月 14 日
设备单机调试	7d	2007 年 1 月 15 日	2007 年 1 月 21 日
报政府部门验收	14d	2007 年 1 月 22 日	2007 年 2 月 4 日
锅炉试生产	7d	2007 年 2 月 5 日	2007 年 2 月 11 日
冷冻、冷却设备安装	207d	2006 年 7 月 30 日	2007 年 2 月 26 日
冷水机组吊装、就位	18d	2006 年 7 月 30 日	2006 年 8 月 16 日
集分水器、热交换器吊装、就位	7d	2006 年 8 月 12 日	2006 年 8 月 18 日
循环水泵吊装、就位	10d	2006 年 8 月 17 日	2006 年 8 月 26 日
机房内管道安装	75d	2006 年 8 月 27 日	2006 年 11 月 9 日
管道保温	21d	2006 年 11 月 4 日	2006 年 11 月 24 日
冷却塔安装	30d	2006 年 10 月 20 日	2006 年 11 月 18 日
冷却塔管道安装	36d	2006 年 10 月 29 日	2006 年 12 月 3 日
设备单体调试	30d	2007 年 1 月 15 日	2007 年 2 月 13 日
空调主干管冲洗	18d	2007 年 2 月 4 日	2007 年 2 月 26 日
1F～5F 空调工程施工	291d	2006 年 8 月 21 日	2007 年 6 月 12 日
风管制作	120d	2006 年 8 月 21 日	2006 年 12 月 18 日
水平风管及风阀安装	160d	2006 年 9 月 5 日	2007 年 2 月 11 日
风管立管安装	46d	2006 年 11 月 4 日	2006 年 12 月 19 日

任 务 名 称	工期	开始时间	完成时间
水平冷冻水、冷凝水、热水管道及阀门安装	145d	2006 年 9 月 30 日	2007 年 2 月 26 日
冷冻水、冷凝水、蒸汽、热水管道立管安装	43d	2006 年 10 月 15 日	2006 年 11 月 26 日
风管水管保温	67d	2007 年 1 月 1 日	2007 年 3 月 13 日
风口安装	75d	2007 年 3 月 23 日	2007 年 6 月 5 日
空调机组、风机等设备安装	38d	2007 年 3 月 3 日	2007 年 4 月 9 日
设备机房配管	33d	2007 年 4 月 5 日	2007 年 5 月 7 日
空调设备单机调试	21d	2007 年 5 月 8 日	2007 年 5 月 28 日
管道冲洗	15d	2007 年 5 月 29 日	2007 年 6 月 12 日
1F～5F 空调电气施工	127d	2006 年 12 月 27 日	2007 年 5 月 7 日
桥架安装	64d	2006 年 12 月 27 日	2007 年 3 月 5 日
配电箱安装	24d	2007 年 2 月 5 日	2007 年 3 月 5 日
配管穿线	45d	2007 年 2 月 25 日	2007 年 4 月 10 日
设备接线、校线	37d	2007 年 4 月 1 日	2007 年 5 月 7 日
BAS 系统施工	116d	2007 年 1 月 15 日	2007 年 5 月 15 日
控制盘安装	32d	2007 年 1 月 15 日	2007 年 2 月 15 日
配管穿线	71d	2007 年 1 月 25 日	2007 年 4 月 10 日
输入输出设备安装	60d	2007 年 2 月 5 日	2007 年 4 月 10 日
线缆端接	65d	2007 年 2 月 15 日	2007 年 4 月 25 日
系统调试	57d	2007 年 3 月 20 日	2007 年 5 月 15 日
配合裙楼租户装饰工程施工	120d	2007 年 4 月 20 日	2007 年 8 月 17 日
空调系统试运行	244d	2007 年 2 月 27 日	2007 年 10 月 28 日
空调系统主机试运行	15d	2007 年 2 月 27 日	2007 年 3 月 13 日
地下室空调系统试运行	50d	2007 年 3 月 14 日	2007 年 5 月 2 日
裙楼空调系统试运行	30d	2007 年 6 月 13 日	2007 年 7 月 12 日
机电系统联合调试	45d	2007 年 8 月 2 日	2007 年 9 月 15 日
工程收尾	60d	2007 年 7 月 19 日	2007 年 9 月 16 日
空调系统验收	26d	2007 年 9 月 17 日	2007 年 10 月 12 日
工程整体竣工验收	15d	2007 年 10 月 13 日	2007 年 10 月 27 日
工程竣工	0d	2007 年 10 月 28 日	2007 年 10 月 28 日

给水排水工程施工进度计划　　　　　　　　　　　　　　　　附录 3

任 务 名 称	工期	开始时间	完成时间
给水排水工程施工进度计划	1129d	2004 年 8 月 2 日	2007 年 9 月 19 日
施工图深化设计	1129d	2004 年 8 月 2 日	2007 年 9 月 19 日
准备工作	10d	2004 年 8 月 2 日	2004 年 8 月 11 日
主楼地下室预留、预埋图纸设计	20d	2004 年 8 月 12 日	2004 年 8 月 31 日
主楼地下室预留、预埋图纸审核、批准	10d	2004 年 8 月 27 日	2004 年 9 月 5 日
地下室预留、预埋图纸交底及图纸会审	1d	2004 年 9 月 8 日	2004 年 9 月 8 日
主楼地下室施工图纸设计	30d	2004 年 8 月 12 日	2004 年 9 月 10 日
主楼地下室综合管线图纸设计	20d	2004 年 9 月 19 日	2004 年 10 月 8 日
主楼地下室施工图、综合管线图审核、批准	20d	2004 年 10 月 4 日	2004 年 10 月 23 日
B3F～5F 预留、预埋图纸设计	40d	2004 年 9 月 17 日	2004 年 10 月 26 日
B3F～5F 施工图纸设计	90d	2004 年 9 月 17 日	2004 年 12 月 15 日
B3F～5F 综合管线图纸设计	90d	2004 年 11 月 14 日	2005 年 2 月 16 日
B3F～5F 预留预埋、施工图及综合管线图审核、批准	20d	2004 年 11 月 30 日	2004 年 12 月 19 日

任 务 名 称	工期	开始时间	完成时间
B3F～5F 预留预埋、施工图及综合管线图图纸交底及图纸会审	15d	2005 年 1 月 1 日	2005 年 1 月 15 日
6F～42F 预留预埋图、施工图纸设计	60d	2004 年 11 月 13 日	2005 年 1 月 11 日
6F～42F 综合管线图纸设计	30d	2005 年 1 月 15 日	2005 年 2 月 18 日
6F～42F 综合管线、预留预埋及施工图纸审核、批准	20d	2005 年 1 月 30 日	2005 年 2 月 23 日
6F～42F 施工图纸交底及图纸会审	15d	2005 年 2 月 28 日	2005 年 3 月 14 日
43F～78F 预留预埋图、施工图纸设计	60d	2005 年 1 月 13 日	2005 年 3 月 18 日
43F～78F 综合管线图纸设计	30d	2005 年 3 月 19 日	2005 年 4 月 17 日
43F～78F 综合管线、预留预埋及施工图纸审核、批准	20d	2005 年 4 月 6 日	2005 年 4 月 25 日
43F～78F 施工图纸交底及图纸会审	15d	2005 年 5 月 13 日	2005 年 5 月 27 日
79F 以上及室外工程施工图纸、预留预埋图设计	48d	2005 年 3 月 19 日	2005 年 5 月 5 日
79F 以上及室外工程综合管线图纸设计	25d	2005 年 5 月 6 日	2005 年 5 月 30 日
79F 以上及室外综合管线及预留预埋图、施工图纸审核、批准	16d	2005 年 5 月 24 日	2005 年 6 月 8 日
79F 以上及室外工程综合管线图纸交底及图纸会审	15d	2005 年 6 月 26 日	2005 年 7 月 10 日
各层卫生间大样图设计、审核及批准	30d	2005 年 5 月 24 日	2005 年 6 月 22 日
工程总的图纸交底及图纸会审	3d	2005 年 7 月 13 日	2005 年 7 月 15 日
配合现场施工，变更、设备间大样及局部详图设计	1050d	2004 年 10 月 20 日	2007 年 9 月 19 日
主要设备、材料采购	800d	2005 年 3 月 1 日	2007 年 5 月 19 日
不锈钢管、铜管、机制排水铸铁管等管材及阀门配件资料送审	45d	2005 年 3 月 1 日	2005 年 4 月 14 日
不锈钢管、铜管、机制排水铸铁管等管材及阀门配件订货及制造	120d	2005 年 4 月 15 日	2005 年 8 月 12 日
不锈钢管、铜管、机制排水铸铁管等管材及阀门进场	622d	2005 年 7 月 17 日	2007 年 4 月 9 日
给水泵、给水变频、水箱泵资料送审	31d	2006 年 4 月 20 日	2006 年 5 月 20 日
给水泵、给水变频、水箱订货及制造	120d	2006 年 5 月 21 日	2006 年 9 月 17 日
给水泵、给水变频、水箱进场	92d	2006 年 8 月 21 日	2006 年 11 月 20 日
卫生器具资料送审	45d	2006 年 12 月 1 日	2007 年 1 月 14 日
卫生器具订货及制造	120d	2007 年 1 月 15 日	2007 年 5 月 19 日
卫生器具进场	140d	2006 年 10 月 8 日	2007 年 3 月 1 日
上海环球金融中心给水排水工程施工	1108d	2004 年 10 月 1 日	2007 年 10 月 28 日
预留预埋工程	589d	2004 年 10 月 1 日	2006 年 5 月 22 日
工程开工	1d	2004 年 10 月 1 日	2004 年 10 月 1 日
施工准备	43d	2004 年 10 月 1 日	2004 年 11 月 12 日
主楼地下室预留洞及预埋	64d	2004 年 11 月 13 日	2005 年 1 月 15 日
主楼 1F～5F 预留洞及预埋	68d	2004 年 12 月 27 日	2005 年 3 月 9 日
主楼 F6～15F 预留洞及预埋	72d	2005 年 2 月 8 日	2005 年 4 月 25 日
主楼 16F～27F 预留洞及预埋	82d	2005 年 3 月 29 日	2005 年 6 月 18 日
主楼 28F～39F 预留洞及预埋	87d	2005 年 5 月 15 日	2005 年 8 月 9 日
主楼 40F～51F 预留洞及预埋	80d	2005 年 7 月 6 日	2005 年 9 月 23 日
主楼 52F～63F 预留洞及预埋	80d	2005 年 8 月 25 日	2005 年 11 月 12 日
主楼 64F～78F 预留洞及预埋	85d	2005 年 10 月 14 日	2006 年 1 月 6 日
主楼 79F～90F 预留洞及预埋	76d	2005 年 12 月 15 日	2006 年 3 月 5 日
主楼 91F 以上预留洞及预埋	103d	2006 年 2 月 9 日	2006 年 5 月 22 日
裙楼 1F 楼面预留洞及预埋	18d	2005 年 2 月 8 日	2005 年 3 月 2 日
裙楼 B1F 楼面预留洞及预埋	22d	2005 年 4 月 17 日	2005 年 5 月 8 日
裙楼 B2F 楼面预留洞及预埋	20d	2005 年 6 月 18 日	2005 年 7 月 7 日

任 务 名 称	工期	开始时间	完成时间
裙楼地下室底板预埋	110d	2005 年 8 月 12 日	2005 年 11 月 29 日
地下室其余部位及裙楼 1F～5F 预留洞及预埋	92d	2005 年 11 月 30 日	2006 年 3 月 6 日
给水排水立管、干管安装	598d	2005 年 7 月 18 日	2007 年 3 月 17 日
6F～15F 给排水立管、干管施工	130d	2005 年 7 月 18 日	2005 年 11 月 24 日
立管、干管及阀部件安装	70d	2005 年 7 月 18 日	2005 年 9 月 25 日
立管、干管试压、灌水及冲洗	55d	2005 年 9 月 1 日	2005 年 10 月 25 日
立管、干管保温	45d	2005 年 10 月 11 日	2005 年 11 月 24 日
16F～27F 给排水立管、干管施工	130d	2005 年 9 月 21 日	2006 年 1 月 28 日
立管、干管及阀部件安装	70d	2005 年 9 月 21 日	2005 年 11 月 29 日
立管、干管试压、灌水及冲洗	55d	2005 年 11 月 5 日	2005 年 12 月 29 日
立管、干管保温	45d	2005 年 12 月 15 日	2006 年 1 月 28 日
28F～39F 给水排水立管、干管施工	130d	2005 年 11 月 25 日	2006 年 4 月 8 日
立管、干管及阀部件安装	70d	2005 年 11 月 25 日	2006 年 2 月 7 日
立管、干管试压、灌水及冲洗	55d	2006 年 1 月 9 日	2006 年 3 月 9 日
立管、干管保温	45d	2006 年 2 月 23 日	2006 年 4 月 8 日
40F～51F 给排水立管、干管施工	130d	2006 年 2 月 3 日	2006 年 6 月 12 日
立管、干管及阀部件安装	70d	2006 年 2 月 3 日	2006 年 4 月 13 日
立管、干管试压、灌水及冲洗	55d	2006 年 3 月 20 日	2006 年 5 月 13 日
立管、干管保温	45d	2006 年 4 月 29 日	2006 年 6 月 12 日
52F～63F 给排水立管、干管施工	130d	2006 年 4 月 9 日	2006 年 8 月 16 日
立管、干管及阀部件安装	70d	2006 年 4 月 9 日	2006 年 6 月 17 日
立管、干管试压、灌水及冲洗	55d	2006 年 5 月 24 日	2006 年 7 月 17 日
立管、干管保温	45d	2006 年 7 月 3 日	2006 年 8 月 16 日
64F～77F 给排水立管、干管施工	133d	2006 年 6 月 13 日	2006 年 10 月 23 日
立管、干管及阀部件安装	75d	2006 年 6 月 13 日	2006 年 8 月 26 日
立管、干管试压、灌水及冲洗	60d	2006 年 7 月 28 日	2006 年 9 月 25 日
立管、干管保温	48d	2006 年 9 月 6 日	2006 年 10 月 23 日
79F～90F 给水排水立管、干管施工	133d	2006 年 8 月 22 日	2007 年 1 月 1 日
立管、干管及阀部件安装	75d	2006 年 8 月 22 日	2006 年 11 月 4 日
立管、干管试压、灌水及冲洗	60d	2006 年 10 月 6 日	2006 年 12 月 4 日
立管、干管保温	48d	2006 年 11 月 15 日	2007 年 1 月 1 日
91F 以上给水排水立管、干管施工	133d	2006 年 10 月 31 日	2007 年 3 月 17 日
立管、干管及阀部件安装	75d	2006 年 10 月 31 日	2007 年 1 月 13 日
立管、干管试压、灌水及冲洗	60d	2006 年 12 月 15 日	2007 年 2 月 12 日
立管、干管保温	48d	2007 年 1 月 24 日	2007 年 3 月 17 日
B3F 给水排水立管、干管施工	45d	2006 年 5 月 19 日	2006 年 7 月 2 日
立管、干管及阀部件安装	25d	2006 年 5 月 19 日	2006 年 6 月 12 日
立管、干管试压、灌水及冲洗	18d	2006 年 6 月 8 日	2006 年 6 月 25 日
立管、干管保温	12d	2006 年 6 月 21 日	2006 年 7 月 2 日
B2F 给水排水立管、干管施工	40d	2006 年 6 月 6 日	2006 年 7 月 15 日
立管、干管及阀部件安装	20d	2006 年 6 月 6 日	2006 年 6 月 25 日
立管、干管试压、灌水及冲洗	15d	2006 年 6 月 21 日	2006 年 7 月 5 日
立管、干管保温	15d	2006 年 7 月 1 日	2006 年 7 月 15 日
B1F 给水排水立管、干管施工	50d	2006 年 6 月 19 日	2006 年 8 月 7 日
立管、干管及阀部件安装	30d	2006 年 6 月 19 日	2006 年 7 月 18 日
立管、干管试压、灌水及冲洗	18d	2006 年 7 月 14 日	2006 年 7 月 31 日
立管、干管保温	12d	2006 年 7 月 27 日	2006 年 8 月 7 日
裙楼 1F～5F 给水排水立管、干管施工	65d	2006 年 9 月 16 日	2006 年 11 月 19 日

任 务 名 称	工期	开始时间	完成时间
立管、干管及阀部件安装	35d	2006 年 9 月 16 日	2006 年 10 月 20 日
立管、干管试压、灌水及冲洗	28d	2006 年 10 月 9 日	2006 年 11 月 5 日
立管、干管保温	22d	2006 年 10 月 29 日	2006 年 11 月 19 日
卫生间、设备间支管安装、试压及灌水、保温	450d	2006 年 3 月 5 日	2007 年 6 月 2 日
6F~78F 支管安装、试压及灌水、保温	380d	2006 年 3 月 5 日	2007 年 3 月 24 日
89F 以上支管安装、试压及灌水、保温	60d	2007 年 3 月 5 日	2007 年 5 月 3 日
1F~5F 支管安装、试压及灌水、保温	40d	2007 年 4 月 24 日	2007 年 6 月 2 日
B1F~B3F 支管安装、试压及灌水、保温	150d	2006 年 7 月 19 日	2006 年 12 月 15 日
水泵房及水箱间安装工程	220d	2006 年 8 月 22 日	2007 年 4 月 3 日
18F 给水泵房及水箱间设备安装、配管	60d	2006 年 8 月 22 日	2006 年 10 月 20 日
30F 给水泵房及水箱间设备安装、配管	25d	2006 年 10 月 16 日	2006 年 11 月 9 日
42F 给水泵房及水箱间设备安装、配管	25d	2006 年 11 月 5 日	2006 年 11 月 29 日
54F 给水泵房及水箱间设备安装、配管	25d	2006 年 11 月 25 日	2006 年 12 月 19 日
66F 给水泵房及水箱间设备安装、配管	25d	2006 年 12 月 15 日	2007 年 1 月 8 日
78F 给水泵房及水箱间设备安装、配管	35d	2007 年 1 月 4 日	2007 年 2 月 7 日
89F 给水泵房及水箱间设备安装、配管	35d	2007 年 2 月 3 日	2007 年 3 月 14 日
B3F 给水泵房及水箱间设备安装、配管	60d	2006 年 11 月 25 日	2007 年 1 月 23 日
潜污泵设备安装、配管	75d	2007 年 1 月 14 日	2007 年 4 月 3 日
卫生间器具安装、通水	275d	2006 年 10 月 9 日	2007 年 7 月 15 日
组装式卫生间安装、通水	146d	2006 年 10 月 9 日	2007 年 3 月 8 日
7F~17F 组装式卫生间安装、通水	25d	2006 年 10 月 9 日	2006 年 11 月 2 日
19F~27F 组装式卫生间安装、通水	20d	2006 年 11 月 3 日	2006 年 11 月 22 日
31F~41F 组装式卫生间安装、通水	28d	2006 年 11 月 23 日	2006 年 12 月 20 日
43F~51F 组装式卫生间安装、通水	20d	2006 年 12 月 21 日	2007 年 1 月 9 日
55F~65F 组装式卫生间安装、通水	25d	2007 年 1 月 10 日	2007 年 2 月 3 日
67F~77F 组装式卫生间安装、通水	28d	2007 年 2 月 4 日	2007 年 3 月 8 日
卫生间器具安装、通水	130d	2007 年 3 月 8 日	2007 年 7 月 15 日
B1F~B3F 卫生器具、电热水器等安装及通水	100d	2007 年 3 月 8 日	2007 年 6 月 15 日
6F~18F 卫生器具、电热水器等安装及通水	8d	2007 年 4 月 22 日	2007 年 4 月 29 日
19F~30F 卫生器具、电热水器等安装及通水	8d	2007 年 4 月 30 日	2007 年 5 月 7 日
31F~42F 卫生器具、电热水器等安装及通水	8d	2007 年 5 月 8 日	2007 年 5 月 15 日
43F~54F 卫生器具、电热水器等安装及通水	20d	2007 年 5 月 16 日	2007 年 6 月 4 日
55F~66F 卫生器具、电热水器等安装及通水	5d	2007 年 6 月 5 日	2007 年 6 月 9 日
67F~78F 卫生器具、电热水器等安装及通水	10d	2007 年 6 月 10 日	2007 年 6 月 19 日
89F 以上卫生器具、电热水器等安装及通水	26d	2007 年 6 月 20 日	2007 年 7 月 15 日
1F~5F 卫生器具、电热水器等安装及通水	40d	2007 年 6 月 5 日	2007 年 7 月 14 日
设备单机试运行	156d	2007 年 1 月 24 日	2007 年 7 月 3 日
B3F 给水泵及变频供水设备单机试运行	25d	2007 年 1 月 24 日	2007 年 2 月 17 日
18F、30F、42F、54F、66F、78F 给水泵、变频供水设备单机试运行	10d	2007 年 2 月 8 日	2007 年 2 月 17 日
潜污泵单机试运行	35d	2007 年 4 月 4 日	2007 年 5 月 8 日
89F 变频供水设备单机试运行	5d	2007 年 6 月 29 日	2007 年 7 月 3 日
给水排水系统调试	59d	2007 年 7 月 16 日	2007 年 9 月 12 日
给水系统调试(含联动调试)	39d	2007 年 7 月 16 日	2007 年 8 月 23 日

任 务 名 称	工期	开始时间	完成时间
B3F～5F 给水系统调试及消毒	7d	2007 年 7 月 16 日	2007 年 7 月 22 日
6F～15F 给水系统调试及消毒	5d	2007 年 7 月 23 日	2007 年 7 月 27 日
16F～27F 给水系统调试及消毒	5d	2007 年 7 月 28 日	2007 年 8 月 1 日
28F～39F 给水系统调试及消毒	4d	2007 年 8 月 2 日	2007 年 8 月 5 日
40F～51F 给水系统调试及消毒	4d	2007 年 8 月 6 日	2007 年 8 月 9 日
52F～63F 给水系统调试及消毒	4d	2007 年 8 月 10 日	2007 年 8 月 13 日
64F～77F 给水系统调试及消毒	5d	2007 年 8 月 14 日	2007 年 8 月 18 日
89F 以上给水系统调试及消毒	5d	2007 年 8 月 19 日	2007 年 8 月 23 日
排水系统调试(含联动调试)	30d	2007 年 8 月 14 日	2007 年 9 月 12 日
B1F～B3F 排水系统调试	8d	2007 年 8 月 14 日	2007 年 8 月 21 日
1F～5F 排水系统调试	5d	2007 年 8 月 22 日	2007 年 8 月 26 日
6F～78F 排水系统调试	12d	2007 年 8 月 27 日	2007 年 9 月 7 日
89F 以上排水系统调试	5d	2007 年 9 月 8 日	2007 年 9 月 12 日
其他给排水工程安装及验收	320d	2006 年 12 月 2 日	2007 年 10 月 22 日
室外工程施工、验收及通水	40d	2007 年 6 月 28 日	2007 年 8 月 6 日
水景工程安装及试运行	80d	2007 年 3 月 8 日	2007 年 5 月 26 日
给水净化处理工程安装及试运行	120d	2007 年 5 月 14 日	2007 年 9 月 10 日
废水处理工程安装及试运行	120d	2007 年 5 月 14 日	2007 年 9 月 10 日
燃气工程安装及验收	320d	2006 年 12 月 2 日	2007 年 10 月 22 日
工程整体竣工验收	5d	2007 年 10 月 23 日	2007 年 10 月 27 日
工程竣工	1d	2007 年 10 月 28 日	2007 年 10 月 28 日

消防安装工程施工进度计划 附录 4

任 务 名 称	工期	开始时间	完成时间
消防安装工程施工进度计划	1169d	2004 年 8 月 1 日	2007 年 10 月 28 日
施工图深化设计	1131d	2004 年 8 月 1 日	2007 年 9 月 20 日
准备工作	15d	2004 年 8 月 1 日	2004 年 8 月 15 日
塔楼地下室施工图纸设计	30d	2004 年 8 月 16 日	2004 年 9 月 14 日
塔楼地下室施工图纸审核、批准	12d	2004 年 9 月 17 日	2004 年 9 月 28 日
塔楼地下室综合管线图纸设计	15d	2004 年 9 月 19 日	2004 年 10 月 3 日
塔楼地下室综合管线及预留、预埋图纸审核、批准	12d	2004 年 9 月 27 日	2004 年 10 月 8 日
塔楼地下室图纸交底及图纸会审	5d	2004 年 10 月 16 日	2004 年 10 月 20 日
B3F～5F 施工图纸设计	90d	2004 年 8 月 16 日	2004 年 11 月 13 日
B3F～5F 施工图纸审核、批准	35d	2004 年 10 月 24 日	2004 年 11 月 27 日
B3F～5F 综合管线图纸设计	28d	2004 年 11 月 14 日	2004 年 12 月 11 日
B3F～5F 综合管线及预留、预埋图纸审核、批准	21d	2004 年 11 月 30 日	2004 年 12 月 20 日
B3F～5F 图纸交底及图纸会审	15d	2005 年 1 月 1 日	2005 年 1 月 15 日
6F～42F 施工图纸设计	60d	2004 年 11 月 14 日	2005 年 1 月 12 日
6F～42F 施工图纸审核、批准	21d	2004 年 12 月 29 日	2005 年 1 月 18 日
6F～42F 综合管线图纸设计	28d	2005 年 1 月 13 日	2005 年 2 月 14 日
6F～42F 综合管线及预留、预埋图纸审核、批准	18d	2005 年 1 月 29 日	2005 年 2 月 20 日
6F～42F 图纸交底及图纸会审	15d	2005 年 2 月 28 日	2005 年 3 月 14 日
43F～78F 施工图纸设计	60d	2005 年 1 月 13 日	2005 年 3 月 18 日
43F～78F 施工图纸审核、批准	30d	2005 年 3 月 4 日	2005 年 4 月 2 日
43F～78F 综合管线图纸设计	28d	2005 年 3 月 19 日	2005 年 4 月 15 日
43F～78F 综合管线及预留、预埋图纸审核、批准	21d	2005 年 4 月 6 日	2005 年 4 月 26 日

任 务 名 称	工期	开始时间	完成时间
43F～78F 图纸交底及图纸会审	15d	2005 年 5 月 12 日	2005 年 5 月 26 日
79F 以上及室外工程施工图纸设计	48d	2005 年 3 月 19 日	2005 年 5 月 5 日
79F 以上及室外工程施工图纸审核、批准	25d	2005 年 4 月 29 日	2005 年 5 月 23 日
79F 以上及室外工程综合管线图纸设计	25d	2005 年 5 月 6 日	2005 年 5 月 30 日
79F 以上及室外综合管线及预留、预埋图纸审核、批准	18d	2005 年 5 月 24 日	2005 年 6 月 10 日
79F 以上及室外图纸交底及图纸会审	15d	2005 年 6 月 26 日	2005 年 7 月 10 日
配合现场施工,变更及局部详图设计	1049d	2004 年 10 月 22 日	2007 年 9 月 20 日
主要设备、材料采购	893d	2004 年 12 月 20 日	2007 年 6 月 15 日
阀门资料送审、订货	30d	2004 年 12 月 20 日	2005 年 1 月 18 日
阀门进场	121d	2005 年 7 月 1 日	2006 年 8 月 24 日
管材资料送审、订货	30d	2005 年 1 月 20 日	2005 年 2 月 23 日
管材进场	701d	2005 年 7 月 5 日	2007 年 6 月 15 日
水泵资料送审、订货	30d	2005 年 5 月 30 日	2005 年 6 月 28 日
水泵进场	59d	2006 年 2 月 3 日	2006 年 9 月 30 日
喷淋头资料送审、订货	30d	2005 年 7 月 15 日	2005 年 8 月 13 日
喷淋头进场	133d	2006 年 2 月 4 日	2007 年 2 月 10 日
预留预埋工程	818d	2004 年 10 月 1 日	2007 年 1 月 6 日
工程开工	0d	2004 年 10 月 1 日	2004 年 10 月 1 日
施工准备	30d	2004 年 10 月 31 日	2004 年 11 月 30 日
主楼地下室预埋套管及预留洞	93d	2004 年 11 月 30 日	2005 年 3 月 7 日
主楼 1F～5F 预埋套管及预留洞	99d	2005 年 1 月 29 日	2005 年 5 月 12 日
主楼 6F～24F 预埋及预留洞	148d	2005 年 4 月 1 日	2005 年 8 月 26 日
主楼 25F～48F 预埋套管及预留洞	183d	2005 年 7 月 22 日	2006 年 1 月 20 日
主楼 49F～78F 预埋套管及预留洞	202d	2005 年 12 月 14 日	2006 年 7 月 8 日
主楼 79F～80F 预埋套管及预留洞	114d	2006 年 5 月 30 日	2006 年 9 月 20 日
主楼 91F 以上预埋套管及预留洞	147d	2006 年 8 月 13 日	2007 年 1 月 6 日
裙楼 1F 楼面预埋套管及预留洞	32d	2005 年 3 月 30 日	2005 年 4 月 30 日
裙楼 B1F 楼面预埋套管及预留洞	38d	2005 年 6 月 26 日	2005 年 8 月 2 日
裙楼 B2F 楼面预埋套管及预留洞	38d	2005 年 9 月 20 日	2005 年 10 月 27 日
地下室剩余部位预埋套管及预留洞	48d	2006 年 5 月 14 日	2006 年 6 月 30 日
裙楼 1F～5F 预埋套管及预留洞	85d	2006 年 7 月 1 日	2006 年 9 月 23 日
消防系统安装工程	740d	2005 年 7 月 15 日	2007 年 8 月 3 日
主楼消防工程	713d	2005 年 7 月 15 日	2007 年 7 月 7 日
消防设备、水箱安装工程	417d	2006 年 2 月 10 日	2007 年 4 月 7 日
30F 消防设备、水箱安装	24d	2006 年 2 月 10 日	2006 年 3 月 5 日
30F 设备层配管、电机检查接线	30d	2006 年 3 月 6 日	2006 年 4 月 4 日
54F 消防设备、水箱安装	24d	2006 年 4 月 30 日	2006 年 5 月 23 日
54F 设备层配管、电机检查接线	30d	2006 年 5 月 24 日	2006 年 6 月 22 日
78F 消防设备、水箱安装	24d	2006 年 9 月 25 日	2006 年 10 月 18 日
78F 设备层配管、电机检查接线	30d	2006 年 10 月 19 日	2006 年 11 月 17 日
100F 消防设备、水箱安装	15d	2007 年 2 月 15 日	2007 年 3 月 6 日
100F 设备层配管、电机检查接线	18d	2007 年 3 月 7 日	2007 年 3 月 24 日
B3F 消防设备安装	30d	2006 年 9 月 10 日	2006 年 10 月 9 日
B3F 设备房配管、电机检查接线	25d	2006 年 10 月 10 日	2006 年 11 月 3 日

任 务 名 称	工期	开始时间	完成时间
30F、54F、78F 消防设备单机调试	15d	2007 年 1 月 15 日	2007 年 1 月 29 日
100F 消防设备单机调试	5d	2007 年 3 月 25 日	2007 年 3 月 29 日
B3F 消防设备单机调试	10d	2007 年 1 月 15 日	2007 年 1 月 24 日
B3F~5F 消防系统调试	15d	2007 年 3 月 18 日	2007 年 4 月 1 日
6F~78F 消防系统调试	21d	2007 年 2 月 7 日	2007 年 3 月 4 日
78F~101F 消防系统调试	7d	2007 年 4 月 1 日	2007 年 4 月 7 日
6F~30F 消防设施安装	388d	2005 年 7 月 15 日	2006 年 8 月 11 日
6F~18F 消防系统立管及报警阀安装	15d	2005 年 7 月 15 日	2005 年 7 月 29 日
6F~18F 消防系统水平管安装	75d	2005 年 7 月 30 日	2005 年 10 月 12 日
19F~30F 消防系统立管及报警阀安装	15d	2005 年 9 月 28 日	2005 年 10 月 12 日
19F~30F 消防系统水平管安装	80d	2005 年 10 月 13 日	2005 年 12 月 31 日
管道刷油漆	25d	2005 年 12 月 22 日	2006 年 1 月 15 日
消火栓箱安装	60d	2006 年 1 月 1 日	2006 年 3 月 6 日
配合装饰工程安装喷淋头	168d	2006 年 2 月 25 日	2006 年 8 月 11 日
31F~54F 消防设施安装	379d	2005 年 12 月 17 日	2007 年 1 月 4 日
31F~42F 消防系统立管及报警阀安装	15d	2005 年 12 月 17 日	2005 年 12 月 31 日
31F~42F 消防系统水平管安装	82d	2006 年 1 月 1 日	2006 年 3 月 28 日
43F~54F 消防系统立管及报警阀安装	19d	2006 年 3 月 14 日	2006 年 4 月 1 日
43F~54F 消防系统水平管安装	88d	2006 年 3 月 29 日	2006 年 6 月 24 日
管道刷油漆	25d	2006 年 6 月 15 日	2006 年 7 月 9 日
消火栓箱安装	60d	2006 年 6 月 25 日	2006 年 8 月 23 日
配合装饰工程安装喷淋头	179d	2006 年 7 月 10 日	2007 年 1 月 4 日
55F~78F 消防设施安装	330d	2006 年 6 月 10 日	2007 年 5 月 10 日
55F~66F 消防系统立管及报警阀安装	25d	2006 年 6 月 10 日	2006 年 7 月 4 日
55F~66F 消防系统水平管安装	82d	2006 年 6 月 25 日	2006 年 9 月 14 日
66F~78F 消防系统立管及报警阀安装	25d	2006 年 8 月 31 日	2006 年 9 月 24 日
66F~78F 消防系统水平管安装	85d	2006 年 9 月 15 日	2006 年 12 月 8 日
管道刷油漆	25d	2006 年 11 月 29 日	2006 年 12 月 23 日
消火栓箱安装	60d	2006 年 12 月 9 日	2007 年 2 月 6 日
配合装饰工程安装喷淋头	182d	2006 年 11 月 5 日	2007 年 5 月 10 日
79F~101F 消防设施安装	221d	2006 年 11 月 24 日	2007 年 7 月 7 日
79F~90F 消防系统立管及报警阀安装	15d	2006 年 11 月 24 日	2006 年 12 月 8 日
79F~90F 消防系统水平管安装	50d	2006 年 12 月 9 日	2007 年 1 月 27 日
91F~101F 消防系统立管及报警阀安装	15d	2007 年 1 月 13 日	2007 年 1 月 27 日
91F~101F 消防系统水平管安装	28d	2007 年 1 月 28 日	2007 年 3 月 1 日
管道刷油漆	25d	2007 年 2 月 15 日	2007 年 3 月 16 日
消火栓箱安装	30d	2007 年 3 月 2 日	2007 年 3 月 31 日
配合装饰工程安装喷淋头	100d	2007 年 3 月 30 日	2007 年 7 月 7 日
地下室消防设施安装	292d	2006 年 5 月 21 日	2007 年 3 月 13 日
地下室消防系统立管及报警阀安装	45d	2006 年 5 月 21 日	2006 年 7 月 4 日
B1F 消防系统水平管安装	97d	2006 年 6 月 5 日	2006 年 9 月 9 日
B2F 消防系统水平管安装	92d	2006 年 6 月 25 日	2006 年 9 月 24 日
B3F 消防系统水平管安装	86d	2006 年 7 月 15 日	2006 年 10 月 8 日
管道刷油漆	45d	2006 年 9 月 9 日	2006 年 10 月 23 日

任 务 名 称	工期	开始时间	完成时间
消火栓箱安装	30d	2006 年 10 月 9 日	2006 年 11 月 7 日
配合装饰工程安装喷淋头	145d	2006 年 10 月 15 日	2007 年 3 月 13 日
1F～5F 消防设施安装	338d	2006 年 8 月 26 日	2007 年 8 月 3 日
1F～5F 消防系统立管及报警阀安装	18d	2006 年 8 月 26 日	2006 年 9 月 12 日
1F～5F 消防系统水平管安装	151d	2006 年 9 月 10 日	2007 年 2 月 7 日
管道刷油漆	42d	2007 年 1 月 9 日	2007 年 2 月 24 日
消火栓箱安装	36d	2007 年 2 月 5 日	2007 年 3 月 17 日
室外消火栓、水泵接合器安装	25d	2007 年 3 月 20 日	2007 年 4 月 13 日
配合装饰工程安装喷淋头	100d	2007 年 3 月 30 日	2007 年 7 月 7 日
配合裙楼租户装饰工程施工	125d	2007 年 4 月 1 日	2007 年 8 月 3 日
气体消防工程施工	431d	2006 年 2 月 3 日	2007 年 4 月 14 日
6F 变配电房气体灭火系统安装	35d	2006 年 2 月 3 日	2006 年 3 月 9 日
18F 变配电房气体灭火系统安装	35d	2006 年 3 月 10 日	2006 年 4 月 13 日
30F 变配电房气体灭火系统安装	35d	2006 年 4 月 14 日	2006 年 5 月 18 日
42F 变配电房气体灭火系统安装	35d	2006 年 5 月 19 日	2006 年 6 月 22 日
54F 变配电房气体灭火系统安装	35d	2006 年 6 月 23 日	2006 年 7 月 27 日
66F 变配电房气体灭火系统安装	35d	2006 年 8 月 20 日	2006 年 9 月 23 日
地下室机房气体灭火系统安装	65d	2006 年 9 月 24 日	2006 年 11 月 27 日
气体灭火系统调试（除 89F、90F 外）	35d	2006 年 11 月 8 日	2006 年 12 月 12 日
89F、90F 变配电房气体灭火系统安装	45d	2007 年 2 月 15 日	2007 年 4 月 5 日
89F、90F 气体灭火系统调试	9d	2007 年 4 月 6 日	2007 年 4 月 14 日
工程收尾	60d	2007 年 7 月 19 日	2007 年 9 月 16 日
机电系统联合调试	45d	2007 年 8 月 2 日	2007 年 9 月 15 日
政府部门消防系统专项验收	26d	2007 年 9 月 17 日	2007 年 10 月 12 日
工程整体竣工验收	15d	2007 年 10 月 14 日	2007 年 10 月 28 日
工程竣工	0d	2007 年 10 月 28 日	2007 年 10 月 28 日

电气工程施工进度计划　　　　　　　　　　　　　　　　附录 5

任 务 名 称	工期	开始时间	完成时间
电气工程施工进度计划	1131d	2004 年 8 月 1 日	2007 年 9 月 20 日
准备工作	15d	2004 年 8 月 1 日	2004 年 8 月 15 日
防雷接地工程图纸设计	25d	2004 年 8 月 16 日	2004 年 9 月 9 日
防雷接地图纸报业主工程师审核、批准	12d	2004 年 9 月 10 日	2004 年 9 月 21 日
防雷接地图纸报政府部门审核、批准	14d	2004 年 9 月 23 日	2004 年 10 月 15 日
塔楼地下室施工图纸设计	30d	2004 年 8 月 16 日	2004 年 9 月 14 日
塔楼地下室施工图纸审核、批准	12d	2004 年 9 月 17 日	2004 年 9 月 28 日
塔楼地下室综合管线图纸设计	15d	2004 年 9 月 19 日	2004 年 10 月 3 日
塔楼地下室综合管线及预留、预埋图纸审核、批准	12d	2004 年 9 月 27 日	2004 年 10 月 8 日
塔楼地下室图纸交底及图纸会审	5d	2004 年 10 月 16 日	2004 年 10 月 20 日
B3F～5F 施工图纸设计	90d	2004 年 8 月 16 日	2004 年 11 月 13 日
B3F～5F 施工图纸审核、批准	35d	2004 年 10 月 24 日	2004 年 11 月 27 日
B3F～5F 综合管线图纸设计	28d	2004 年 11 月 14 日	2004 年 12 月 11 日
B3F～5F 综合管线及预留、预埋图纸审核、批准	21d	2004 年 11 月 30 日	2004 年 12 月 20 日
B3F～5F 图纸交底及图纸会审	15d	2005 年 1 月 1 日	2005 年 1 月 15 日
6F～42F 施工图纸设计	60d	2004 年 11 月 14 日	2005 年 1 月 12 日

任务名称	工期	开始时间	完成时间
6F~42F 施工图纸审核、批准	21d	2004 年 12 月 29 日	2005 年 1 月 18 日
6F~42F 综合管线图纸设计	28d	2005 年 1 月 13 日	2005 年 2 月 14 日
6F~42F 综合管线及预留、预埋图纸审核、批准	18d	2005 年 1 月 29 日	2005 年 2 月 20 日
6F~42F 图纸交底及图纸会审	15d	2005 年 2 月 28 日	2005 年 3 月 14 日
43F~78F 施工图纸设计	60d	2005 年 1 月 13 日	2005 年 3 月 18 日
43F~78F 施工图纸审核、批准	30d	2005 年 3 月 4 日	2005 年 4 月 2 日
43F~78F 综合管线图纸设计	28d	2005 年 3 月 19 日	2005 年 4 月 15 日
43F~78F 综合管线及预留、预埋图纸审核、批准	21d	2005 年 4 月 6 日	2005 年 4 月 26 日
43F~78F 图纸交底及图纸会审	15d	2005 年 5 月 12 日	2005 年 5 月 26 日
79F 以上及室外工程施工图纸设计	48d	2005 年 3 月 19 日	2005 年 5 月 5 日
79F 以上及室外工程施工图纸审核、批准	25d	2005 年 4 月 29 日	2005 年 5 月 23 日
79F 以上及室外工程综合管线图纸设计	25d	2005 年 5 月 6 日	2005 年 5 月 30 日
79F 以上及室外综合管线及预留、预埋图纸审核、批准	18d	2005 年 5 月 24 日	2005 年 6 月 10 日
79F 以上及室外图纸交底及图纸会审	15d	2005 年 6 月 26 日	2005 年 7 月 10 日
配合现场施工,变更及局部详图设计	1049d	2004 年 10 月 22 日	2007 年 9 月 20 日
主要设备、材料采购	1004d	2004 年 10 月 15 日	2007 年 7 月 30 日
电线管资料送审	15d	2004 年 10 月 15 日	2004 年 10 月 29 日
电线管进场	960d	2004 年 11 月 28 日	2007 年 7 月 30 日
电线、电缆资料送审	30d	2005 年 9 月 9 日	2005 年 10 月 8 日
电线、电缆进场	600d	2005 年 11 月 23 日	2007 年 7 月 25 日
变压器、配电柜、配电箱资料送审	60d	2005 年 4 月 15 日	2005 年 6 月 13 日
变压器、配电柜、配电箱订货及制造	300d	2005 年 6 月 14 日	2006 年 4 月 14 日
变压器、配电柜、配电箱进场	428d	2005 年 11 月 20 日	2007 年 1 月 26 日
发电机资料送审	60d	2005 年 10 月 10 日	2005 年 12 月 8 日
发电机订货及制造	230d	2005 年 12 月 9 日	2006 年 7 月 31 日
发电机进场	5d	2006 年 8 月 1 日	2006 年 8 月 5 日
灯具资料送审	30d	2005 年 9 月 30 日	2005 年 10 月 29 日
灯具订货及制造	180d	2005 年 10 月 30 日	2006 年 5 月 2 日
灯具进场	481d	2006 年 2 月 5 日	2007 年 6 月 5 日
预留预埋工程	818d	2004 年 10 月 1 日	2007 年 1 月 6 日
工程开工	0d	2004 年 10 月 1 日	2004 年 10 月 1 日
施工准备	21d	2004 年 10 月 1 日	2004 年 10 月 21 日
主楼地下室结构底板防雷接地工程	39d	2004 年 10 月 22 日	2004 年 11 月 29 日
主楼地下室预埋及预留洞	93d	2004 年 11 月 30 日	2005 年 3 月 7 日
主楼 1F~5F 预留、预埋	99d	2005 年 1 月 29 日	2005 年 5 月 12 日
主楼 6F~24F 预留、预埋	148d	2005 年 4 月 1 日	2005 年 8 月 26 日
主楼 25F~48F 预留、预埋	183d	2005 年 7 月 22 日	2006 年 1 月 20 日
主楼 49F~78F 预留、预埋	202d	2005 年 12 月 14 日	2006 年 7 月 8 日
主楼 79F~F90 预留、预埋	114d	2006 年 5 月 30 日	2006 年 9 月 20 日
主楼 91F 以上预留、预埋	147d	2006 年 8 月 13 日	2007 年 1 月 6 日
裙楼 1F 楼面预埋及预留洞	32d	2005 年 3 月 30 日	2005 年 4 月 30 日
裙楼 B1F 楼面预埋及预留洞	38d	2005 年 6 月 26 日	2005 年 8 月 2 日
裙楼 B2F 楼面预埋及预留洞	38d	2005 年 9 月 20 日	2005 年 10 月 27 日
裙楼地下室底板预埋及预留洞	153d	2005 年 12 月 7 日	2006 年 5 月 13 日

任 务 名 称	工期	开始时间	完成时间
地下室剩余部位预埋及预留洞	48d	2006 年 5 月 14 日	2006 年 6 月 30 日
裙楼 1F～5F 预埋及预留洞	85d	2006 年 7 月 1 日	2006 年 9 月 23 日
变配电设备及线路安装工程	478d	2005 年 11 月 20 日	2007 年 3 月 22 日
6F 变配电设备安装	38d	2005 年 11 月 20 日	2005 年 12 月 27 日
18F 变配电设备安装	38d	2005 年 11 月 25 日	2006 年 1 月 1 日
30F 变配电设备安装	38d	2006 年 2 月 8 日	2006 年 3 月 17 日
42F 变配电设备安装	38d	2006 年 2 月 28 日	2006 年 4 月 6 日
54F 变配电设备安装	38d	2006 年 6 月 30 日	2006 年 8 月 6 日
66F 变配电设备安装	38d	2006 年 9 月 10 日	2006 年 10 月 17 日
发电机组安装	28d	2006 年 8 月 1 日	2006 年 8 月 28 日
发电机油泵、油箱及环保设施安装	60d	2006 年 8 月 29 日	2006 年 10 月 27 日
发电机试运行	21d	2007 年 2 月 23 日	2007 年 3 月 15 日
B1F 变配电设备安装	30d	2006 年 9 月 10 日	2006 年 10 月 9 日
B2F 变配电设备安装	75d	2006 年 8 月 11 日	2006 年 10 月 24 日
高压电力电缆及联络电缆敷设	36d	2006 年 10 月 5 日	2006 年 11 月 9 日
供电公司外网施工	32d	2006 年 10 月 20 日	2006 年 11 月 20 日
变配电设备、电缆调试	42d	2006 年 10 月 26 日	2006 年 12 月 6 日
变配电设备检查接线	20d	2006 年 11 月 22 日	2006 年 12 月 11 日
供电公司检查、验收、送电	16d	2006 年 12 月 14 日	2006 年 12 月 29 日
变配电设备试运行(除 89F、90F 外)	5d	2006 年 12 月 30 日	2007 年 1 月 3 日
89F、90F 变配电设备安装	40d	2007 年 1 月 12 日	2007 年 2 月 25 日
89F、90F 变配电设备、检查接线	7d	2007 年 2 月 26 日	2007 年 3 月 4 日
89F、90F 变配电设备调试	6d	2007 年 3 月 2 日	2007 年 3 月 7 日
89F、90F 设备检查、验收、送电	5d	2007 年 3 月 15 日	2007 年 3 月 19 日
89F、90F 变配电设备试运行	3d	2007 年 3 月 20 日	2007 年 3 月 22 日
主楼动力、照明工程	729d	2005 年 7 月 10 日	2007 年 7 月 18 日
主楼动力工程	586d	2005 年 10 月 30 日	2007 年 6 月 17 日
6F～24F 电力线路施工	154d	2005 年 10 月 30 日	2006 年 4 月 6 日
6F～24F 电缆桥架安装	42d	2005 年 10 月 30 日	2005 年 12 月 10 日
配电箱安装	30d	2005 年 11 月 11 日	2005 年 12 月 10 日
低压出线电缆敷设	30d	2006 年 3 月 8 日	2006 年 4 月 6 日
25F～48F 电力线路施工	106d	2006 年 1 月 16 日	2006 年 5 月 6 日
25F～48F 电缆桥架安装	40d	2006 年 1 月 16 日	2006 年 3 月 1 日
配电箱安装	30d	2006 年 1 月 26 日	2006 年 3 月 1 日
低压出线电缆敷设	30d	2006 年 4 月 7 日	2006 年 5 月 6 日
49F～78F 电力线路施工	75d	2006 年 7 月 2 日	2006 年 9 月 14 日
49F～78F 电缆桥架安装	50d	2006 年 7 月 2 日	2006 年 8 月 20 日
配电箱安装	30d	2006 年 7 月 22 日	2006 年 8 月 20 日
低压出线电缆敷设	30d	2006 年 8 月 16 日	2006 年 9 月 14 日
79F～90F 电力线路施工	118d	2006 年 11 月 5 日	2007 年 3 月 7 日
79F～90F 电缆桥架安装	30d	2006 年 11 月 5 日	2006 年 12 月 4 日
配电箱安装	20d	2006 年 11 月 15 日	2006 年 12 月 4 日
低压出线电缆敷设	20d	2007 年 2 月 11 日	2007 年 3 月 7 日
91F 以上电力线路施工	36d	2007 年 1 月 22 日	2007 年 3 月 3 日

任 务 名 称	工期	开始时间	完成时间
91F 以上电缆桥架安装	30d	2007 年 1 月 22 日	2007 年 2 月 25 日
配电箱安装	24d	2007 年 1 月 28 日	2007 年 2 月 25 日
低压出线电缆敷设	16d	2007 年 2 月 11 日	2007 年 3 月 3 日
低压供电线路送电、调试	160d	2007 年 1 月 4 日	2007 年 6 月 17 日
6F～78F 供电线路送电、调试	36d	2007 年 1 月 4 日	2007 年 2 月 8 日
79F～101F 供电线路送电、调试	18d	2007 年 3 月 23 日	2007 年 4 月 9 日
配合其他专业调试、试运行	148d	2007 年 1 月 16 日	2007 年 6 月 17 日
主楼照明工程	729d	2005 年 7 月 10 日	2007 年 7 月 18 日
6F～24F 照明线路敷设及灯具安装	366d	2005 年 7 月 10 日	2006 年 7 月 15 日
电线管敷设	113d	2005 年 7 月 10 日	2005 年 10 月 30 日
电线敷设	71d	2005 年 12 月 20 日	2006 年 3 月 5 日
灯具安装	137d	2006 年 3 月 1 日	2006 年 7 月 15 日
25F～48F 照明线路敷设及灯具安装	401d	2005 年 10 月 31 日	2006 年 12 月 10 日
电线管敷设	125d	2005 年 10 月 31 日	2006 年 3 月 9 日
电线敷设	80d	2006 年 4 月 15 日	2006 年 7 月 3 日
灯具安装	144d	2006 年 7 月 20 日	2006 年 12 月 10 日
49F～78F 照明线路敷设及灯具安装	427d	2006 年 3 月 10 日	2007 年 5 月 15 日
电线管敷设	165d	2006 年 3 月 10 日	2006 年 8 月 21 日
电线敷设	115d	2006 年 7 月 8 日	2006 年 10 月 30 日
灯具安装	176d	2006 年 11 月 16 日	2007 年 5 月 15 日
79F～90F 照明线路敷设及灯具安装	209d	2006 年 12 月 14 日	2007 年 7 月 15 日
电线管敷设	64d	2006 年 12 月 14 日	2007 年 2 月 15 日
电线敷设	28d	2007 年 3 月 17 日	2007 年 4 月 13 日
灯具安装	51d	2007 年 5 月 26 日	2007 年 7 月 15 日
91F 以上照明线路敷设及灯具安装	133d	2007 年 2 月 16 日	2007 年 7 月 3 日
电线管敷设	60d	2007 年 2 月 16 日	2007 年 4 月 21 日
电线敷设	28d	2007 年 4 月 22 日	2007 年 5 月 19 日
灯具安装	30d	2007 年 6 月 4 日	2007 年 7 月 3 日
灯具通电试验	176d	2007 年 1 月 19 日	2007 年 7 月 18 日
6F～48F 灯具通电试验	45d	2007 年 1 月 19 日	2007 年 3 月 9 日
49F～78F 灯具通电试验	65d	2007 年 3 月 17 日	2007 年 5 月 20 日
79F 以上灯具通电试验	18d	2007 年 7 月 1 日	2007 年 7 月 18 日
配合塔楼出租办公区装饰工程施工	187d	2007 年 1 月 5 日	2007 年 7 月 15 日
裙楼动力、照明工程	485d	2006 年 5 月 14 日	2007 年 9 月 15 日
裙楼动力工程	394d	2006 年 5 月 30 日	2007 年 7 月 2 日
B1F 电力线路施工	173d	2006 年 5 月 30 日	2006 年 11 月 18 日
电线管敷设	88d	2006 年 5 月 30 日	2006 年 8 月 25 日
电线敷设	60d	2006 年 8 月 1 日	2006 年 9 月 29 日
B1F 电缆桥架安装	60d	2006 年 7 月 29 日	2006 年 9 月 26 日
配电箱安装	26d	2006 年 9 月 1 日	2006 年 9 月 26 日
低压出线电缆敷设	40d	2006 年 10 月 10 日	2006 年 11 月 18 日
B2F 电力线路施工	184d	2006 年 6 月 8 日	2006 年 12 月 8 日
电线管敷设	99d	2006 年 6 月 8 日	2006 年 9 月 14 日
电线敷设	60d	2006 年 8 月 21 日	2006 年 10 月 19 日

任 务 名 称	工期	开始时间	完成时间
B2F 电缆桥架安装	90d	2006 年 7 月 8 日	2006 年 10 月 5 日
配电箱安装	30d	2006 年 9 月 6 日	2006 年 10 月 5 日
低压出线电缆敷设	60d	2006 年 10 月 10 日	2006 年 12 月 8 日
B3F 电力线路施工	159d	2006 年 6 月 3 日	2006 年 11 月 8 日
电线管敷设	90d	2006 年 6 月 3 日	2006 年 8 月 31 日
电线敷设	60d	2006 年 8 月 17 日	2006 年 10 月 15 日
B3F 电缆桥架安装	53d	2006 年 7 月 3 日	2006 年 8 月 24 日
配电箱安装	30d	2006 年 9 月 9 日	2006 年 10 月 8 日
低压出线电缆敷设	30d	2006 年 10 月 10 日	2006 年 11 月 8 日
1F～5F 电力线路施工	173d	2006 年 9 月 30 日	2007 年 3 月 26 日
电线管敷设	108d	2006 年 9 月 30 日	2007 年 1 月 15 日
电线敷设	90d	2006 年 12 月 22 日	2007 年 3 月 26 日
裙楼 1F～5F 电缆桥架安装	90d	2006 年 10 月 30 日	2007 年 1 月 27 日
配电箱安装	45d	2006 年 12 月 14 日	2007 年 1 月 27 日
低压出线电缆敷设	30d	2007 年 1 月 23 日	2007 年 2 月 26 日
裙楼供电线路送电、调试	173d	2007 年 1 月 6 日	2007 年 7 月 2 日
B1F～B3F 供电线路送电、调试	36d	2007 年 1 月 6 日	2007 年 2 月 10 日
1F～5F 供电线路送电、调试	28d	2007 年 2 月 27 日	2007 年 3 月 26 日
配合其他专业调试、试运行	158d	2007 年 1 月 21 日	2007 年 7 月 2 日
裙楼照明工程	485d	2006 年 5 月 14 日	2007 年 9 月 15 日
地下室照明线路敷设及灯具安装	296d	2006 年 5 月 14 日	2007 年 3 月 10 日
电线管敷设	197d	2006 年 5 月 14 日	2006 年 11 月 26 日
电线敷设	139d	2006 年 8 月 29 日	2007 年 1 月 14 日
灯具安装	132d	2006 年 10 月 25 日	2007 年 3 月 10 日
1F～5F 照明线路敷设及灯具安装	257d	2006 年 9 月 5 日	2007 年 5 月 24 日
电线管敷设	149d	2006 年 9 月 5 日	2007 年 1 月 31 日
电线敷设	121d	2007 年 1 月 3 日	2007 年 5 月 8 日
灯具安装	54d	2007 年 4 月 1 日	2007 年 5 月 24 日
室外路灯、大楼泛光照明安装、调试	93d	2007 年 6 月 15 日	2007 年 9 月 15 日
灯具通电试验	107d	2007 年 2 月 24 日	2007 年 6 月 10 日
地下室灯具通电试验	45d	2007 年 2 月 24 日	2007 年 4 月 9 日
裙楼 1F～5F 灯具通电试验	32d	2007 年 5 月 10 日	2007 年 6 月 10 日
配合裙楼租户装饰工程施工	142d	2007 年 4 月 1 日	2007 年 8 月 20 日
其他	734d	2005 年 10 月 15 日	2007 年 10 月 28 日
防雷、接地设施安装	599d	2005 年 10 月 15 日	2007 年 6 月 15 日
工程收尾	60d	2007 年 7 月 19 日	2007 年 9 月 16 日
机电系统联合调试	45d	2007 年 8 月 2 日	2007 年 9 月 15 日
政府部门电气系统专项验收	26d	2007 年 9 月 17 日	2007 年 10 月 12 日
工程整体竣工验收	15d	2007 年 10 月 14 日	2007 年 10 月 28 日
工程竣工	0d	2007 年 10 月 28 日	2007 年 10 月 28 日

弱电工程施工进度计划　　　　　　　　　　　　　　附录 6

任 务 名 称	工期	开始时间	完成时间
弱电工程施工进度计划	1131d	2004 年 8 月 1 日	2007 年 9 月 20 日
准备工作	15d	2004 年 8 月 1 日	2004 年 8 月 15 日
主楼地下室预留、预埋图纸设计	30d	2004 年 8 月 16 日	2004 年 9 月 14 日
主楼地下室预留、预埋图纸审核、批准	18d	2004 年 9 月 5 日	2004 年 9 月 22 日
地下室预留、预埋图纸交底及图纸会审	1d	2004 年 9 月 30 日	2004 年 9 月 30 日

任 务 名 称	工期	开始时间	完成时间
B3F～5F 施工图纸设计	90d	2004 年 8 月 16 日	2004 年 11 月 13 日
B3F～5F 施工图纸审核、批准	31d	2004 年 11 月 4 日	2004 年 12 月 4 日
B3F～5F 综合管线图纸设计	31d	2004 年 11 月 14 日	2004 年 12 月 14 日
B3F～5F 综合管线及预留、预埋图纸审核、批准	18d	2004 年 12 月 8 日	2004 年 12 月 25 日
B3F～5F 图纸交底及图纸会审	7d	2005 年 1 月 2 日	2005 年 1 月 8 日
6F～78F 施工图纸设计	75d	2004 年 11 月 21 日	2005 年 2 月 3 日
6F～78F 施工图纸审核、批准	21d	2005 年 1 月 25 日	2005 年 2 月 19 日
6F～78F 综合管线图纸设计	30d	2005 年 2 月 16 日	2005 年 3 月 17 日
6F～78F 综合管线及预留、预埋图纸审核、批准	21d	2005 年 3 月 11 日	2005 年 3 月 31 日
6F～78F 图纸交底及图纸会审	2d	2005 年 4 月 8 日	2005 年 4 月 9 日
79F 以上施工图纸设计	60d	2005 年 2 月 4 日	2005 年 4 月 9 日
79F 以上施工图纸审核、批准	21d	2005 年 4 月 3 日	2005 年 4 月 23 日
79F 以上工程综合管线图纸设计	25d	2005 年 4 月 17 日	2005 年 5 月 11 日
79F 以上综合管线及预留、预埋图纸审核、批准	18d	2005 年 5 月 5 日	2005 年 5 月 22 日
工程总的图纸交底及图纸会审	5d	2005 年 6 月 22 日	2005 年 6 月 26 日
配合现场施工,变更及局部详图设计	1049d	2004 年 10 月 22 日	2007 年 9 月 20 日
预留预埋工程	818d	2004 年 10 月 1 日	2007 年 1 月 6 日
工程开工	0d	2004 年 10 月 1 日	2004 年 10 月 1 日
施工准备	21d	2004 年 10 月 1 日	2004 年 10 月 21 日
主楼地下室预埋	93d	2004 年 11 月 30 日	2005 年 3 月 7 日
主楼 1F～5F 预留、预埋	99d	2005 年 1 月 31 日	2005 年 5 月 14 日
主楼 6F～24F 预留、预埋	141d	2005 年 4 月 5 日	2005 年 8 月 23 日
主楼 25F～48F 预留、预埋	183d	2005 年 7 月 22 日	2006 年 1 月 20 日
主楼 49F～78F 预留、预埋	202d	2005 年 12 月 14 日	2006 年 7 月 8 日
主楼 79F～90F 预留、预埋	114d	2006 年 5 月 30 日	2006 年 9 月 20 日
主楼 91F 以上预留、预埋	147d	2006 年 8 月 13 日	2007 年 1 月 6 日
裙楼 1F 楼面预埋	32d	2005 年 3 月 30 日	2005 年 4 月 30 日
裙楼 B1F 楼面预埋	38d	2005 年 6 月 26 日	2005 年 8 月 2 日
裙楼 B2F 楼面预埋	38d	2005 年 9 月 20 日	2005 年 10 月 27 日
裙楼地下室底板预埋	90d	2005 年 12 月 7 日	2006 年 3 月 11 日
地下室剩余部位预埋	48d	2006 年 5 月 14 日	2006 年 6 月 30 日
裙楼 1F～5F 预埋	85d	2006 年 7 月 1 日	2006 年 9 月 23 日
钢管、桥架安装和线缆敷设	620d	2005 年 7 月 10 日	2007 年 3 月 31 日
主楼钢管、桥架安装和线缆敷设	620d	2005 年 7 月 10 日	2007 年 3 月 31 日
主楼桥架安装工程	583d	2005 年 7 月 10 日	2007 年 2 月 17 日
6F～24F 桥架安装	100d	2005 年 7 月 10 日	2005 年 10 月 17 日
25F～48F 桥架安装	130d	2005 年 10 月 31 日	2006 年 3 月 14 日
49F～78F 桥架安装	160d	2006 年 3 月 15 日	2006 年 8 月 21 日
79F～90F 桥架安装	50d	2006 年 11 月 15 日	2007 年 1 月 3 日
91F 以上桥架安装	50d	2006 年 12 月 30 日	2007 年 2 月 17 日
主楼钢管安装和线缆敷设	540d	2005 年 9 月 28 日	2007 年 3 月 31 日
6F～24F 钢管安装和线缆敷设	165d	2005 年 9 月 28 日	2006 年 3 月 16 日
钢管敷设	100d	2005 年 9 月 28 日	2006 年 1 月 5 日
线缆敷设	85d	2005 年 12 月 17 日	2006 年 3 月 16 日

任 务 名 称	工期	开始时间	完成时间
25F～48F 钢管安装和线缆敷设	180d	2006 年 2 月 13 日	2006 年 8 月 11 日
钢管敷设	100d	2006 年 2 月 13 日	2006 年 5 月 23 日
线缆敷设	95d	2006 年 5 月 9 日	2006 年 8 月 11 日
49F～78F 钢管安装和线缆敷设	175d	2006 年 7 月 23 日	2007 年 1 月 13 日
钢管敷设	110d	2006 年 7 月 23 日	2006 年 11 月 9 日
线缆敷设	85d	2006 年 10 月 21 日	2007 年 1 月 13 日
79F～90F 钢管安装和线缆敷设	60d	2006 年 12 月 15 日	2007 年 2 月 12 日
钢管敷设	45d	2006 年 12 月 15 日	2007 年 1 月 28 日
电线敷设	30d	2007 年 1 月 14 日	2007 年 2 月 12 日
91F 以上钢管安装和线缆敷设	57d	2007 年 1 月 29 日	2007 年 3 月 31 日
钢管敷设	42d	2007 年 1 月 29 日	2007 年 3 月 16 日
电线敷设	30d	2007 年 3 月 2 日	2007 年 3 月 31 日
裙楼钢管、桥架安装和线缆敷设	306d	2006 年 5 月 15 日	2007 年 3 月 21 日
裙楼钢管、桥架安装和线缆敷设	306d	2006 年 5 月 15 日	2007 年 3 月 21 日
B1F 钢管安装、桥架和线缆敷设	140d	2006 年 5 月 15 日	2006 年 10 月 1 日
B1F 桥架安装	60d	2006 年 5 月 15 日	2006 年 7 月 13 日
钢管敷设	50d	2006 年 6 月 29 日	2006 年 8 月 17 日
线缆敷设	45d	2006 年 8 月 18 日	2006 年 10 月 1 日
B2F 钢管安装、桥架和线缆敷设	155d	2006 年 6 月 29 日	2006 年 11 月 30 日
B2F 桥架安装	60d	2006 年 6 月 29 日	2006 年 8 月 27 日
钢管敷设	60d	2006 年 8 月 13 日	2006 年 10 月 11 日
线缆敷设	50d	2006 年 10 月 12 日	2006 年 11 月 30 日
B3F 钢管安装、桥架和线缆敷设	160d	2006 年 8 月 13 日	2007 年 1 月 19 日
B3F 电缆桥架安装	60d	2006 年 8 月 13 日	2006 年 10 月 11 日
钢管敷设	55d	2006 年 9 月 27 日	2006 年 11 月 20 日
线缆敷设	60d	2006 年 11 月 21 日	2007 年 1 月 19 日
1F～5F 钢管安装、桥架和线缆敷设	176d	2006 年 9 月 22 日	2007 年 3 月 21 日
裙楼 1F～5F 桥架安装	75d	2006 年 9 月 22 日	2006 年 12 月 5 日
钢管敷设	71d	2006 年 11 月 16 日	2007 年 1 月 25 日
线缆敷设	60d	2007 年 1 月 16 日	2007 年 3 月 21 日
各系统设备安装	468d	2006 年 2 月 15 日	2007 年 6 月 2 日
主楼各系统设备安装	468d	2006 年 2 月 15 日	2007 年 6 月 2 日
6F～24F 安装	110d	2006 年 2 月 15 日	2006 年 6 月 4 日
BAS 系统设备安装	100d	2006 年 2 月 15 日	2006 年 5 月 25 日
闭路监控系统设备安装	75d	2006 年 2 月 15 日	2006 年 4 月 30 日
PA/VA 系统设备安装	70d	2006 年 3 月 2 日	2006 年 5 月 10 日
防范系统设备安装	100d	2006 年 2 月 15 日	2006 年 5 月 25 日
其他系统设备安装	80d	2006 年 3 月 17 日	2006 年 6 月 4 日
25F～48F 各系统设备安装	141d	2006 年 7 月 23 日	2006 年 12 月 10 日
BAS 系统设备安装	130d	2006 年 7 月 23 日	2006 年 11 月 29 日
闭路监控系统设备安装	90d	2006 年 7 月 23 日	2006 年 10 月 20 日
PA/VA 系统设备安装	80d	2006 年 8 月 22 日	2006 年 11 月 9 日
防范系统设备安装	120d	2006 年 7 月 23 日	2006 年 11 月 19 日
其他系统设备安装	90d	2006 年 9 月 12 日	2006 年 12 月 10 日

任 务 名 称	工期	开始时间	完成时间
49F~78F 各系统设备安装	128d	2006 年 12 月 15 日	2007 年 4 月 26 日
BAS 系统设备安装	128d	2006 年 12 月 15 日	2007 年 4 月 26 日
闭路监控系统设备安装	90d	2006 年 12 月 15 日	2007 年 3 月 19 日
PA/VA 系统设备安装	75d	2007 年 1 月 4 日	2007 年 3 月 24 日
防范系统设备安装	120d	2006 年 12 月 15 日	2007 年 4 月 18 日
其他系统设备安装	90d	2007 年 1 月 19 日	2007 年 4 月 23 日
79F~101F 各系统设备安装	120d	2007 年 1 月 29 日	2007 年 6 月 2 日
BAS 系统设备安装	110d	2007 年 1 月 29 日	2007 年 5 月 23 日
闭路监控系统设备安装	75d	2007 年 1 月 29 日	2007 年 4 月 18 日
PA/VA 系统设备安装	75d	2007 年 2 月 8 日	2007 年 4 月 28 日
防范系统设备安装	95d	2007 年 1 月 29 日	2007 年 5 月 8 日
其他系统设备安装	100d	2007 年 2 月 23 日	2007 年 6 月 2 日
地下室各系统设备安装	145d	2006 年 12 月 21 日	2007 年 5 月 19 日
BAS 系统设备安装	120d	2006 年 12 月 21 日	2007 年 4 月 24 日
闭路监控系统设备安装	90d	2006 年 12 月 21 日	2007 年 3 月 25 日
PA/VA 系统设备安装	90d	2007 年 1 月 5 日	2007 年 4 月 9 日
防范系统设备安装	100d	2006 年 12 月 21 日	2007 年 4 月 4 日
其他系统设备安装	120d	2007 年 1 月 15 日	2007 年 5 月 19 日
1F~5F 各系统设备安装	75d	2007 年 2 月 25 日	2007 年 5 月 10 日
BAS 系统设备安装	70d	2007 年 2 月 25 日	2007 年 5 月 5 日
闭路监控系统设备安装	60d	2007 年 2 月 25 日	2007 年 4 月 25 日
PA/VA 系统设备安装	50d	2007 年 3 月 12 日	2007 年 4 月 30 日
防范系统设备安装	75d	2007 年 2 月 25 日	2007 年 5 月 10 日
其他系统设备安装	45d	2007 年 3 月 22 日	2007 年 5 月 5 日
各系统调试	120d	2007 年 5 月 4 日	2007 年 8 月 31 日
BAS 系统调试	120d	2007 年 5 月 4 日	2007 年 8 月 31 日
闭路监控系统调试	100d	2007 年 5 月 14 日	2007 年 8 月 21 日
PA/VA 系统调试	90d	2007 年 6 月 3 日	2007 年 8 月 31 日
防范系统调试	95d	2007 年 5 月 14 日	2007 年 8 月 16 日
其他系统调试	100d	2007 年 5 月 14 日	2007 年 8 月 21 日
其他	89d	2007 年 8 月 1 日	2007 年 10 月 28 日
与机电系统联合调试	60d	2007 年 8 月 1 日	2007 年 9 月 29 日
工程收尾	45d	2007 年 8 月 22 日	2007 年 10 月 5 日
政府部门专项验收	30d	2007 年 9 月 15 日	2007 年 10 月 14 日
工程整体竣工验收	24d	2007 年 10 月 5 日	2007 年 10 月 28 日
工程竣工	0d	2007 年 10 月 28 日	2007 年 10 月 28 日

楼宇工程施工进度计划   附录7

任 务 名 称	工期	开始时间	完成时间
楼宇工程施工进度计划	1131d	2004 年 8 月 1 日	2007 年 9 月 20 日
准备工作	15d	2004 年 8 月 1 日	2004 年 8 月 15 日
主楼地下室预留、预埋图纸设计	30d	2004 年 8 月 16 日	2004 年 9 月 14 日
主楼地下室预留、预埋图纸审核、批准	18d	2004 年 9 月 5 日	2004 年 9 月 22 日
地下室预留、预埋图纸交底及图纸会审	1d	2004 年 9 月 30 日	2004 年 9 月 30 日

任 务 名 称	工期	开始时间	完成时间
B3F～5F 施工图纸设计	90d	2004 年 8 月 16 日	2004 年 11 月 13 日
B3F～5F 施工图纸审核、批准	31d	2004 年 11 月 4 日	2004 年 12 月 4 日
B3F～5F 综合管线图纸设计	31d	2004 年 11 月 14 日	2004 年 12 月 14 日
B3F～5F 综合管线及预留、预埋图纸审核、批准	18d	2004 年 12 月 8 日	2004 年 12 月 25 日
B3F～5F 图纸交底及图纸会审	7d	2005 年 1 月 2 日	2005 年 1 月 8 日
6F～78F 施工图纸设计	75d	2004 年 11 月 21 日	2005 年 2 月 3 日
6F～78F 施工图纸审核、批准	21d	2005 年 1 月 25 日	2005 年 2 月 19 日
6F～78F 综合管线图纸设计	30d	2005 年 2 月 16 日	2005 年 3 月 17 日
6F～78F 综合管线及预留、预埋图纸审核、批准	21d	2005 年 3 月 11 日	2005 年 3 月 31 日
6F～78F 图纸交底及图纸会审	2d	2005 年 4 月 8 日	2005 年 4 月 9 日
79F 以上施工图纸设计	60d	2005 年 2 月 4 日	2005 年 4 月 9 日
79F 以上施工图纸审核、批准	21d	2005 年 4 月 3 日	2005 年 4 月 23 日
79F 以上工程综合管线图纸设计	25d	2005 年 4 月 17 日	2005 年 5 月 11 日
79F 以上综合管线及预留、预埋图纸审核、批准	18d	2005 年 5 月 5 日	2005 年 5 月 22 日
工程总的图纸交底及图纸会审	5d	2005 年 6 月 22 日	2005 年 6 月 26 日
配合现场施工,变更及局部详图设计	1049d	2004 年 10 月 22 日	2007 年 9 月 20 日
预留预埋工程	818d	2004 年 10 月 1 日	2007 年 1 月 6 日
工程开工	0d	2004 年 10 月 1 日	2004 年 10 月 1 日
施工准备	21d	2004 年 10 月 1 日	2004 年 10 月 21 日
主楼地下室预埋	93d	2004 年 11 月 30 日	2005 年 3 月 7 日
主楼 1F～5F 预留、预埋	99d	2005 年 1 月 31 日	2005 年 5 月 14 日
主楼 6F～24F 预留、预埋	141d	2005 年 4 月 5 日	2005 年 8 月 23 日
主楼 25F～48F 预留、预埋	183d	2005 年 7 月 22 日	2006 年 1 月 20 日
主楼 49F～78F 预留、预埋	202d	2005 年 12 月 14 日	2006 年 7 月 8 日
主楼 79F～90F 预留、预埋	114d	2006 年 5 月 30 日	2006 年 9 月 20 日
主楼 91F 以上预留、预埋	147d	2006 年 8 月 13 日	2007 年 1 月 6 日
裙楼 1F 楼面预埋	32d	2005 年 3 月 30 日	2005 年 4 月 30 日
裙楼 B1F 楼面预埋	38d	2005 年 6 月 26 日	2005 年 8 月 2 日
裙楼 B2F 楼面预埋	38d	2005 年 9 月 20 日	2005 年 10 月 27 日
裙楼地下室底板预埋	90d	2005 年 12 月 7 日	2006 年 3 月 11 日
地下室剩余部位预埋	48d	2006 年 5 月 14 日	2006 年 6 月 30 日
裙楼 1F～5F 预埋	85d	2006 年 7 月 1 日	2006 年 9 月 23 日
钢管、桥架安装和线缆敷设	620d	2005 年 7 月 10 日	2007 年 3 月 31 日
主楼钢管、桥架安装和线缆敷设	620d	2005 年 7 月 10 日	2007 年 3 月 31 日
主楼桥架安装工程	583d	2005 年 7 月 10 日	2007 年 2 月 17 日
6F～24F 桥架安装	100d	2005 年 7 月 10 日	2005 年 10 月 17 日
25F～48F 桥架安装	130d	2005 年 10 月 31 日	2006 年 3 月 14 日
49F～78F 桥架安装	160d	2006 年 3 月 15 日	2006 年 8 月 21 日
79F～90F 桥架安装	50d	2006 年 11 月 15 日	2007 年 1 月 3 日
91F 以上桥架安装	50d	2006 年 12 月 30 日	2007 年 2 月 17 日
主楼钢管安装和线缆敷设	540d	2005 年 9 月 28 日	2007 年 3 月 31 日
6F～24F 钢管安装和线缆敷设	165d	2005 年 9 月 28 日	2006 年 3 月 16 日
钢管敷设	100d	2005 年 9 月 28 日	2006 年 1 月 5 日
线缆敷设	85d	2005 年 12 月 17 日	2006 年 3 月 16 日

任 务 名 称	工期	开始时间	完成时间
25F～48F 钢管安装和线缆敷设	180d	2006 年 2 月 13 日	2006 年 8 月 11 日
钢管敷设	100d	2006 年 2 月 13 日	2006 年 5 月 23 日
线缆敷设	95d	2006 年 5 月 9 日	2006 年 8 月 11 日
49F～78F 钢管安装和线缆敷设	175d	2006 年 7 月 23 日	2007 年 1 月 13 日
钢管敷设	110d	2006 年 7 月 23 日	2006 年 11 月 9 日
线缆敷设	85d	2006 年 10 月 21 日	2007 年 1 月 13 日
79F～90F 钢管安装和线缆敷设	60d	2006 年 12 月 15 日	2007 年 2 月 12 日
钢管敷设	45d	2006 年 12 月 15 日	2007 年 1 月 28 日
电线敷设	30d	2007 年 1 月 14 日	2007 年 2 月 12 日
91F 以上钢管安装和线缆敷设	57d	2007 年 1 月 29 日	2007 年 3 月 31 日
钢管敷设	42d	2007 年 1 月 29 日	2007 年 3 月 16 日
电线敷设	30d	2007 年 3 月 2 日	2007 年 3 月 31 日
裙楼钢管、桥架安装和线缆敷设	306d	2006 年 5 月 15 日	2007 年 3 月 21 日
裙楼钢管、桥架安装和线缆敷设	306d	2006 年 5 月 15 日	2007 年 3 月 21 日
B1F 钢管安装、桥架和线缆敷设	140d	2006 年 5 月 15 日	2006 年 10 月 1 日
B1F 桥架安装	60d	2006 年 5 月 15 日	2006 年 7 月 13 日
钢管敷设	50d	2006 年 6 月 29 日	2006 年 8 月 17 日
线缆敷设	45d	2006 年 8 月 18 日	2006 年 10 月 1 日
B2F 钢管安装、桥架和线缆敷设	155d	2006 年 6 月 29 日	2006 年 11 月 30 日
B2F 桥架安装	60d	2006 年 6 月 29 日	2006 年 8 月 27 日
钢管敷设	60d	2006 年 8 月 13 日	2006 年 10 月 11 日
线缆敷设	50d	2006 年 10 月 12 日	2006 年 11 月 30 日
B3F 钢管安装、桥架和线缆敷设	160d	2006 年 8 月 13 日	2007 年 1 月 19 日
B3F 电缆桥架安装	60d	2006 年 8 月 13 日	2006 年 10 月 11 日
钢管敷设	55d	2006 年 9 月 27 日	2006 年 11 月 20 日
线缆敷设	60d	2006 年 11 月 21 日	2007 年 1 月 19 日
1F～5F 钢管安装、桥架和线缆敷设	176d	2006 年 9 月 22 日	2007 年 3 月 21 日
裙楼 1F～5F 桥架安装	75d	2006 年 9 月 22 日	2006 年 12 月 5 日
钢管敷设	71d	2006 年 11 月 16 日	2007 年 1 月 25 日
线缆敷设	60d	2007 年 1 月 16 日	2007 年 3 月 21 日
系统设备安装	458d	2006 年 2 月 15 日	2007 年 5 月 23 日
主楼各系统设备安装	458d	2006 年 2 月 15 日	2007 年 5 月 23 日
6F～24F 安装	100d	2006 年 2 月 15 日	2006 年 5 月 25 日
BMS 系统设备安装	100d	2006 年 2 月 15 日	2006 年 5 月 25 日
25F～48F 各系统设备安装	130d	2006 年 7 月 23 日	2006 年 11 月 29 日
BMS 系统设备安装	130d	2006 年 7 月 23 日	2006 年 11 月 29 日
49F～78F 各系统设备安装	128d	2006 年 12 月 15 日	2007 年 4 月 26 日
BMS 系统设备安装	128d	2006 年 12 月 15 日	2007 年 4 月 26 日
79F～101F 各系统设备安装	110d	2007 年 1 月 29 日	2007 年 5 月 23 日
BMS 系统设备安装	110d	2007 年 1 月 29 日	2007 年 5 月 23 日
地下室各系统设备安装	120d	2006 年 12 月 21 日	2007 年 4 月 24 日
BMS 系统设备安装	120d	2006 年 12 月 21 日	2007 年 4 月 24 日
1F～5F 各系统设备安装	70d	2007 年 2 月 25 日	2007 年 5 月 5 日
BMS 系统设备安装	70d	2007 年 2 月 25 日	2007 年 5 月 5 日

任 务 名 称	工期	开始时间	完成时间
系统调试	140d	2007 年 4 月 4 日	2007 年 8 月 21 日
BMS 系统调试	140d	2007 年 4 月 4 日	2007 年 8 月 21 日
其他	99d	2007 年 7 月 22 日	2007 年 10 月 28 日
与机电系统联合调试	60d	2007 年 7 月 22 日	2007 年 9 月 19 日
工程收尾	45d	2007 年 8 月 12 日	2007 年 9 月 25 日
政府部门专项验收	30d	2007 年 9 月 5 日	2007 年 10 月 4 日
工程整体竣工验收	24d	2007 年 9 月 25 日	2007 年 10 月 18 日
工程竣工	0d	2007 年 10 月 28 日	2007 年 10 月 28 日